In tausenden Garagen.
Und Millionen Herzen.
DER 911.
PORSCHE. THERE IS NO SUBSTITUTE.
PORSCHE
911 GT3 mit Touring-Paket (WLTP): Kraftstoffverbrauch kombiniert: 13,8 – 13,7 l/100 km;
CO_2-Emissionen kombiniert: 312 – 310 g/km; CO_2-Klasse: G; Stand 10/2025

GROSSGLOCKNER
HOCHALPENSTRASSE

INTRO

CURVES-Leser der ersten Stunde wissen es – wir waren mit einer ersten Ausgabe bereits schon einmal in Österreich unterwegs. Einige Jahre und viele weitere Reisen rund um die Welt später ist es nun Zeit für eine neue Auflage. CURVES ist etwas anders geworden, erwachsener, ruhiger und reifer, gleichzeitig haben wir mittlerweile neue Akzente und Momente entlang der ersten Ruhe entdeckt und wollten die einbeziehen. Neu erzählen. Obendrein scheinen uns in Details andere Routenführungen wichtiger, wir haben neue Strecken im Kopf, die wir gern vorstellen würden. Und deshalb lag diese tiefgehend überarbeitete Neu-Auflage auf der Hand – eigentlich ist „CURVES Österreich Mark II“ sogar mehr als das. Nämlich ein ganz neuer CURVES-Blick auf Österreich. Dass uns Felix Austria, das „glückliche Österreich“, so anzieht, ist naheliegend: Die Grenzübergänge am Bodensee, im Karwendel-Gebirge, bei Kufstein oder Salzburg liegen allesamt nicht weit vom Münchner CURVES-Hauptquartier entfernt. Wenn wir also für ein langes Wochenende in die Alpen fahren, geht es nicht selten nach Österreich: nach Vorarlberg, nach Tirol oder in die Salzburger Gegend. Und dort finden wir neben den mächtigen Top Acts und Superstars unter den Alpenpässen auch so viele kleinere und kleinste Bergpassagen, Panorama-Strecken und entdeckenswerte Nebenrouten, dass sich eine Fahrt nach Österreich eben immer lohnt. Selbst das Bekannte zeigt sich ständig neu und die Vielfalt von Möglichkeiten über und durch die Alpen zu kommen, ist einfach mitreißend. Südlich der Zugspitze geht es direkt los, bereits die Gegend zwischen den Allgäuer Hochalpen und Ammergebirge ist so vielfältig, dass allein nur sie eine Wochenendreise lohnt. Über die Bergstraßen Vorarlbergs und die Silvretta-Hochalpenstraße geht es ins Inntal – nur um von dort aus erst so richtig loszulegen: Ötztal und Timmelsjoch, über den Jaufenpass nach Südtirol ... Das liegt doch überhaupt nicht in Österreich! Ganz richtig. Wir haben auf unserer Reise immer wieder einmal Grenzen missachtet, sind am Ende sogar aus dem Triglav-Nationalpark in Slowenien bis an die italienische Adriaküste bei Triest gefahren. Wenn man in Fahrt ist, geht so etwas ganz schnell. Man nennt es „soulful driving“.

—

Seasoned CURVES readers will know that we traveled to Austria before in our first ever issue. Several years and many more trips around the world later, the time has come for a new edition. CURVES has changed a little. It has become more grown-up, calmer, and more mature. At the same time, we've discovered new highlights and moments along that initial route and wanted to include them. The aim is to tell a new story. What's more, the details of different route layouts seem more important to us now; we have new routes in mind that we'd like to introduce to you. And that's why this thoroughly revised new edition was a natural fit. Actually, "CURVES Austria Mark II" is a lot more than just that. It's a completely new CURVES perspective on Austria. It's only natural that we're so drawn to Felix Austria, "Happy Austria": the border crossings at Lake Constance, in the Karwendel Mountains, near Kufstein, and Salzburg are all located not far from CURVES' Munich headquarters. So, when we make for the Alps for a long weekend, it's not uncommon for us to head to Austria: to Vorarlberg, Tyrol, or the Salzburg region. And there, in addition to the mighty top acts and superstars among the Alpine passes, we also find so many little mountain passages, panoramic routes, and side roads worth exploring that a trip to Austria is always worthwhile. Even familiar features constantly reveal themselves in new ways, and the variety of options for traveling over and through the Alps is simply breathtaking. The journey begins directly south of the Zugspitze. The area between the Allgäu High Alps and the Ammergau Alps is so diverse that it is worth a weekend trip all of its own. The mountain roads of Vorarlberg and the Silvretta High Alpine Road lead us to the Inn Valley – only to really get going from there: Ötztal and Timmelsjoch, over the Jaufen Pass to South Tyrol... And that's not even in Austria! You heard right. We repeatedly ignored borders on this journey, even driving from the Triglav National Park in Slovenia all the way to the Italian Adriatic coast near Trieste. When you're in the flow, things like that happen very quickly. It's known as "soulful driving."

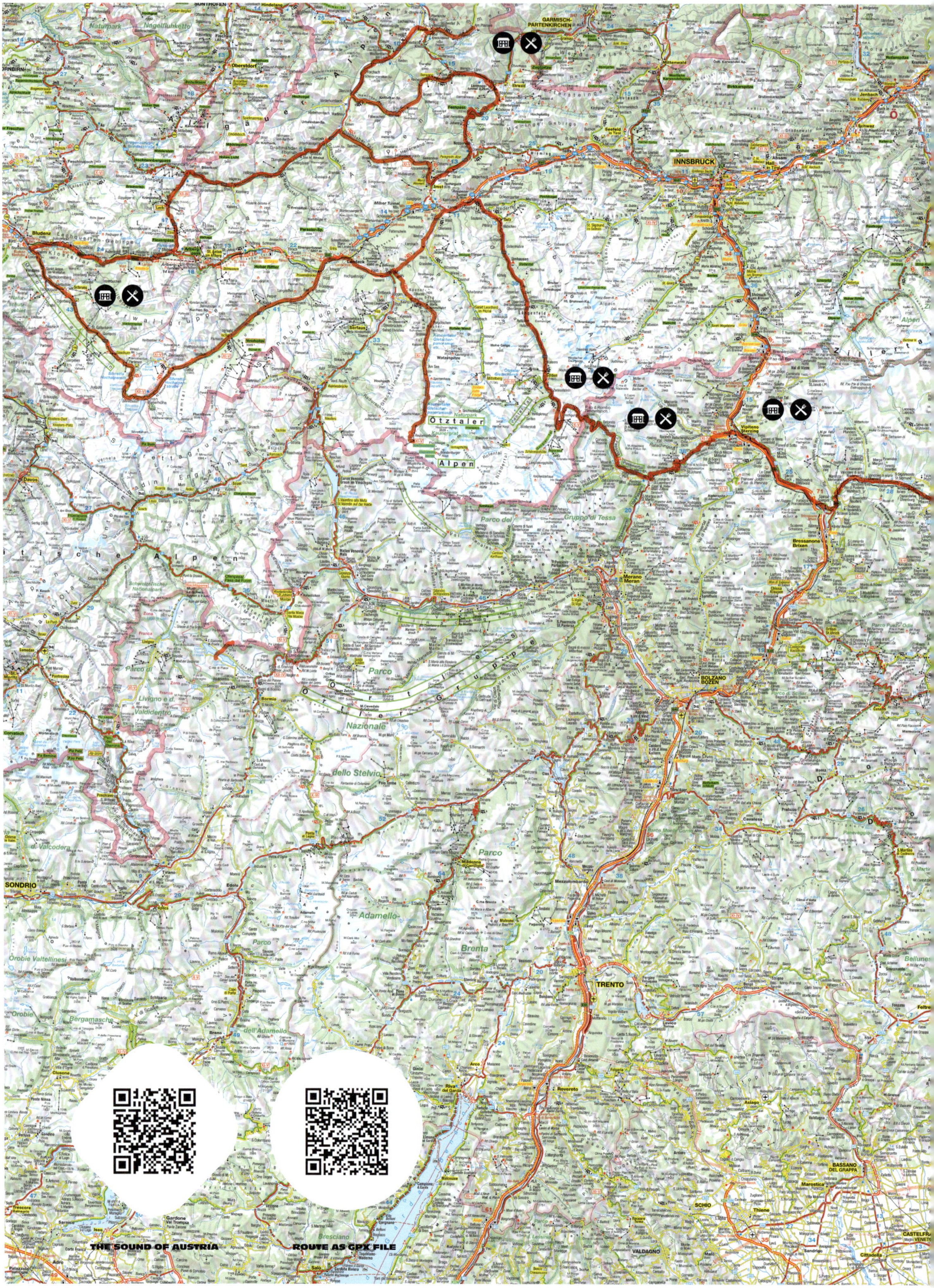

GARMISCH-PARTENKIRCHEN
INNSBRUCK
Ötztaler Alpen
Merano Meran
BOLZANO BOZEN
SONDRIO
TRENTO
Rovereto
BASSANO DEL GRAPPA
THE SOUND OF AUSTRIA
ROUTE AS GPX FILE

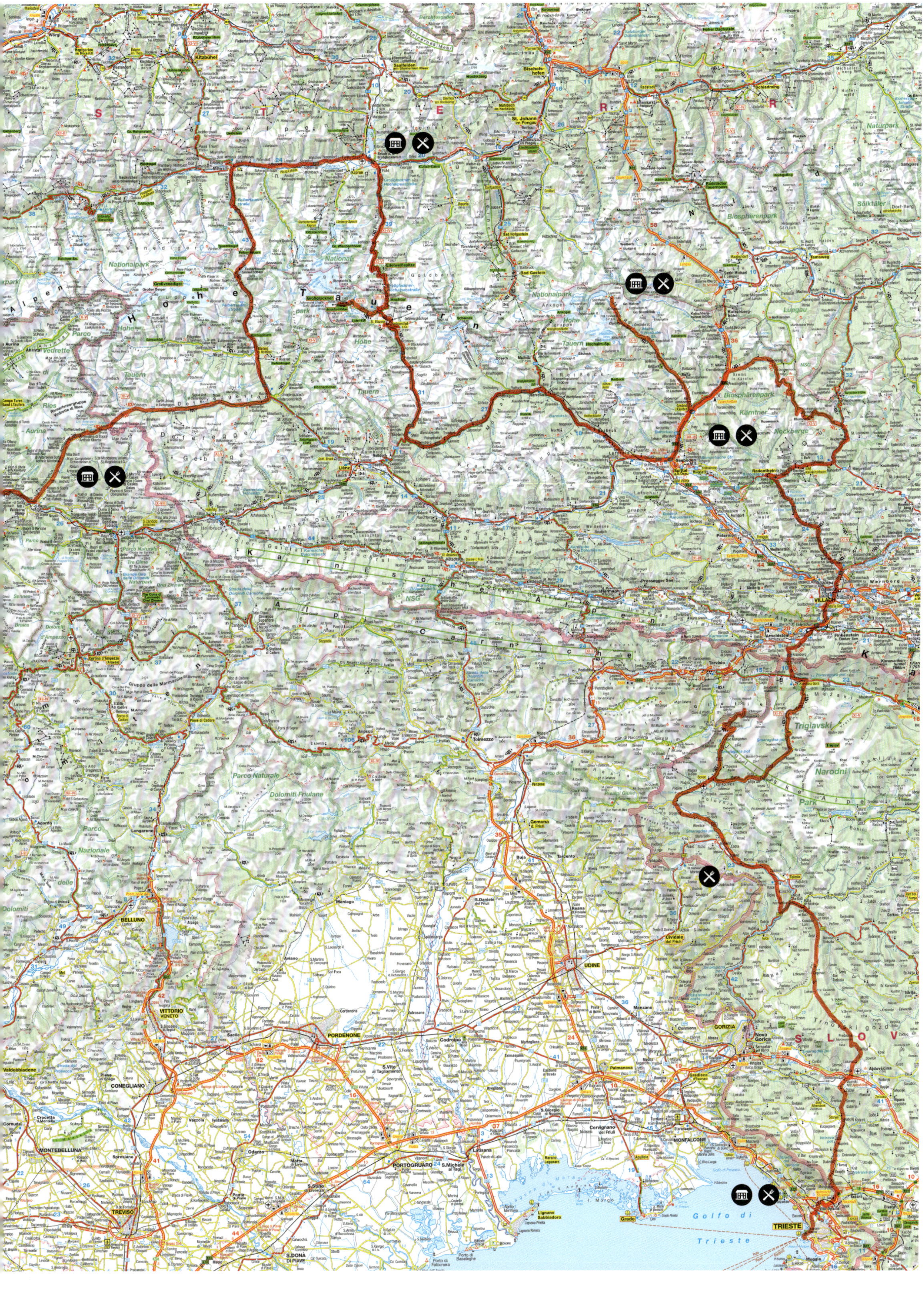
Kitzbühel
Bischofshofen
St. Johann im Pongau
Bad Gastein
Nationalpark
Hohe Tauern
Lienz
Karnische Alpen
Alpi Carniche
Villach
Tolmezzo
Cortina d'Ampezzo
Parco Naturale
Dolomiti Friulane
Triglavski
Narodni
Park
Belluno
Vittorio Veneto
Conegliano
Pordenone
Udine
Gemona
Cividale del Friuli
Gorizia
Nova Gorica
Codroipo
Palmanova
Portogruaro
Monfalcone
Grado
Lignano Sabbiadoro
Treviso
S. Donà di Piave
Golfo di Trieste
Trieste

KAUNERTALER
GLETSCHERSTRASSE

1 ETAPPE STAGE

Das Gebirge zwischen den Allgäuer Hochalpen und dem Inntal lassen viele Reisende häufig links liegen – für uns wird es zur rasanten Aufwärmrunde: Direkt hinter der deutsch-österreichischen Grenze stürzen wir uns in Lechtal, und ziehen dann über Berwang bis Lermoos. Der Fernpass ist das alte Tor aus dem Norden nach Tirol, auch wir nutzen seine viel befahrene Trasse, um weiter in Richtung Süden zu gelangen. Kurz vor dem Inntal nehmen wir dann aber eine neue Spur auf, ziehen übers Hahntennjoch zurück ins Lechtal. Bis Zürs und Stuben queren wir die Region Arlberg, stoßen dann immer weiter nach Westen und drehen erst kurz vor Bludenz, in Rufweite des Rheintals bei. Hier liegt der östlichste Punkt unserer Reise durch Österreich. Weiter geht es ins Montafon, dann über die Silvretta-Hochalpenstraße, die als erster fahrerischer Höhepunkt aus dem Bundesland Vorarlberg zurück nach Tirol führt. Galtür und Ischgl dürften Wintersportlern gut bekannt sein – wir durchqueren die Gegend in konzentrierter Schussfahrt, deren Ende wir erst bei Landeck erreicht haben. Nach einem landschaftlich reizvollen Abstecher ins hochalpine Kaunertal begleiten wir nun tatsächlich den Inn für einige Kilometer auf seiner weiten Reise. Das Ende der Etappe haben wir dann im Ötztal erreicht. Sölden, am Fuß des Tiefenbachgletschers, wird zum Etappenziel.

Many travelers tend to ignore the mountain range between the Allgäu High Alps and the Inn Valley but, for us, it serves as a fast-paced warm-up: directly across the German-Austrian border, we plunge into the Lech Valley, then continue via Berwang to Lermoos. The Fern Pass is the old gateway from the north to Tyrol, and we also use its busy route to continue south. Shortly before the Inn Valley, however, we take a new path, heading over the Hahntennjoch back into the Lech Valley. We traverse the Arlberg region to reach Zürs and Stuben, then continue westward, turning just before Bludenz, not far from the Rhine Valley. This is the easternmost point of our journey through Austria. We continue into the Montafon Valley, then over the Silvretta High Alpine Road, the first highlight of the trip, taking from Vorarlberg back to Tyrol. Galtür and Ischgl will be well known to winter sports enthusiasts – we traverse the region in a concentrated downhill run, which only ends in Landeck. After a scenic detour into the high-alpine Kaunertal Valley, we actually follow the River Inn for a few kilometers of its long journey. Finally, we reach the end of the stage in the Ötztal Valley at Sölden, at the foot of the Tiefenbach Glacier.

2 ETAPPE STAGE

Auf der zweiten Etappe fahren wir übers 2.474 Meter hoch gelegene Timmelsjoch aus Österreich hinaus und wechseln über die Grenze zu Italien nach Südtirol. Die Hochgebirgslandschaft der Ötztaler Alpen wechselt damit in eine Landschaft, die mit allen Flusstälern eine Verbindung zu den Ebenen Norditaliens sucht, das häufig milde Klima ist stark vom Mittelmeer beeinflusst. Auch wenn Südtirol politisch ehemals zum österreichisch und bayrisch beeinflussten Norden gehörte, Sprache und Küche daher untrennbare Verbindungen über die Alpen pflegen, hat sich das Italienische doch organisch festgesetzt. Die Gegenwart Südtirols besteht aus einer eigenwilligen und eigenständigen Mischung dieser Pole – man kann vermutlich sogar von einer spezifischen Kultur Südtirols sprechen, die in sich selbst eine Identität gefunden hat. – Wie ein riesiges Hufeisen liegen die Sarntaler Alpen hier oben, umgeben von den Tälern der Etsch und der Eisack. Im Norden bildet Sterzing das Tor zum Brennerpass, im Westen liegt Meran, im Osten blicken Brixen und Klausen auf die Zinnen der Dolomiten, den südlichsten Punkt bildet Bozen. Wir kommen aus den Ötztaler Alpen im Nordwesten, rollen über den Jaufenpass bis Sterzing und verlassen die Gegend dann nach Osten entlang der Rienz. Es geht vorbei an Bruneck, der fünftgrößten Stadt Südtirols, und dann übers Antholzer Tal zum Fuß der Hohen Tauern. Über den Staller Sattel geht es zurück nach Österreich und nach einer ruhigen Etappe in Osttirol landen wir über den Felbertauerntunnel wieder im Norden des Alpen-Hauptkamms, bei Zell am See.

On the second stage, we leave Austria via the 2,474-meter-high Timmelsjoch Pass and cross the border into Italy, entering South Tyrol. The high mountain landscape of the Ötztal Alps transitions into a landscape whose river valleys connect to the plains of northern Italy. The often mild climate is strongly influenced by the Mediterranean. Even though South Tyrol was politically part of the Austrian and Bavarian-influenced north, and its language and cuisine therefore maintain inextricable ties across the Alps, Italian has nevertheless become firmly established as the lingua franca. South Tyrol's present-day character is a unique and distinct blend of these opposite poles—you could even speak of a specific South Tyrolean culture that has found its own particular identity. The Sarntal Alps lie like a giant horseshoe up here, surrounded by the valleys of the Adige and Eisack rivers. In the north, Sterzing forms the gateway to the Brenner Pass, in the west lies Merano, in the east Brixen and Chiusa overlook the peaks of the Dolomites, and Bolzano is the southernmost point. We cross the Jaufen Pass to Sterzing, and then leave the area heading eastward along the Rienz River. We pass Bruneck, the fifth-largest city in South Tyrol, and then cross the Antholz Valley to the foot of the Hohe Tauern. We return to Austria via the Staller Sattel Pass, and after a quiet stage in East Tyrol, passing via the Felbertauern Tunnel, we end up back in the northern part of the main Alpine ridge, near Zell am See.

3 ETAPPE STAGE

Zell am See liegt sozusagen an einer alpinen Kreuzung: Von West nach Ost zieht die Salzach, die Nord-Süd-Achse reicht von Saalfelden am Steinernen Meer bis zum Pass über die Großglockner-Hochalpenstraße. Aus München, Oberbayern oder Salzburg ist die Gegend gut zu erreichen, weshalb die Gemeinden im Zeller Becken und den angrenzenden Tälern beliebte Wintersport-Orte sind. Auf unserer Route von hier aus zieht es uns ebenfalls zu einer Slalomfahrt in die Berge, allerdings ganz ohne Schnee und Eis: Die mautpflichtige Großglockner-Hochalpenstraße führt uns übers Tauerngebirge zurück, das wir auf der vorherigen Etappe von Tirol herauf nach Norden überquert haben. Südlich der bis auf 2.500 Meter steigenden Passstraße landen wir aber nicht wieder in Tirol, sondern im österreichischen Bundesland Kärnten. Übers Tal der Drau und den Plöckenpass oder die Nassfeldstraße wäre hier Italien zu erreichen, wir fahren aber weiter nördlich im Mölltal nach Osten und gelangen so bei Sapittal an der Drau zum Millstätter See. Von hier aus ist es nicht mehr weit ins etwas nördlicher gelegene Gmünd. Mit einer Fahrt über die Malta-Hochalm-Straße bis zum Kölnbreinspeicher am Fuß der Hohen Tauern runden wir die Etappe ab.

You could say that Zell am See is located at an Alpine crossroads: the Salzach River flows from west to east, and the north-south axis extends from Saalfelden on the high karst plateau of the Steinernes Meer to the High Alpine Road and the Grossglockner Pass. The area is easily accessible from Munich, Upper Bavaria, and Salzburg, making the Zell Basin and the surrounding valleys popular winter sports resorts. Our route from here takes us on a slalom ride into the mountains, but without any snow or ice: the tolled Grossglockner High Alpine Road takes us back over the Tauern Mountains, which we crossed northwards from Tyrol on the previous stage. South of the pass road, which climbs to 2,500 meters, we don't end up back in Tyrol, but in the Austrian province of Carinthia. If we journeyed via the Drava Valley and the Plöcken Pass or the Nassfeld Road, we could reach Italy from here, but we continue north through the Möll Valley, heading east to reach Lake Millstatt near Spittal an der Drau. From here, it's not far to Gmünd, which is located a little further north. We round off the stage with a drive along the Malta-Hochalm Road to the Kölnbrein Reservoir at the foot of the Hohe Tauern.

4 ETAPPE STAGE

Die vierte und letzte Etappe unserer Reise verlässt Gmünd in Kärnten nach Nordosten und macht sich dort über die Nockalmstraße auf den Weg rund um den UNESCO Biosphärenpark Nockberge. Ein atemberaubendes Gebirgspanorama, ursprüngliche Natur- und Kultur-Landschaft gehören ebenso zu dieser Route, wie ein fahrerisch ausgesprochen entspannter Charakter: Ohne zu überfordern, bietet die mautpflichtige Nockalmstraße auch fortgeschrittenen Fahrern einen großen Anreiz, diese Route zwischen Gmünd und Feldkirchen zu nehmen, anstatt an der Drau entlang bis Villach zu fahren. Mit einem kleinen Abstecher zur Turracher Höhe belohnen sich Kurven-Fans für diese Entscheidung, danach geht es nördlich von Feldkirch wieder in Richtung Westen. So lässt sich die vielbefahrene Route am Ossiacher See bis Villach vermeiden. Die Stadt an der Drau ist neben Klagenfurt einer der größten Städte Kärntens. Durch ihre Lage zwischen Ossiacher See, Wörthersee und dem kleineren Faaker See ist Villach auch für Sommer-Touristen attraktiv, über den östlich gelegenen Karawanken-Tunnel geht es zur slowenischen Hauptstadt Ljubljana und dann weiter nach Kroatien. Unser Route führt allerdings über die Berge des Triglav-Nationalparks nach Süden, zur Adria. Zuerst steht aber ein kurzer Streckenabschnitt auf italienischem Staatsgebiet an, ab Kranjska Gora sind wir in Slowenien unterwegs und folgen dem Grenzverlauf zwischen Italien und Slowenien bis kurz vor Triest. Erst dann fahren wir für die letzten Kilometer zur großen Hafenstadt wieder nach Italien hinein.

The fourth and final leg of our journey leaves Gmünd in Carinthia to the northeast, heading along the Nockalm Road, circumventing the UNESCO Nockberge Biosphere Reserve. A breathtaking mountain panorama, pristine natural and cultural landscapes are just as much a part of this route as a particularly relaxed driving experience. In no way overwhelming, the tolled Nockalm Road offers even experienced drivers some great reasons to choose this route between Gmünd and Feldkirchen instead of following along the River Drava to Villach. Curve lovers will be rewarded for this decision with a short detour to the Turracher Höhe, after which the route heads west again north of Feldkirch. This avoids the busy route along Lake Ossiach to Villach. Alongside Klagenfurt, the town on the River Drava is one of the largest cities in Carinthia. Due to its location between Lake Ossiach, Lake Wörthersee, and the smaller Lake Faak, Villach is also a favorite with summer tourists. The Karawanks Tunnel to the east leads to the Slovenian capital, Ljubljana, and then on to Croatia. Our route leads south over the mountains of the Triglav National Park to the Adriatic. First, however, we need to cover a short stretch on Italian territory. After Kranjska Gora, we have entered Slovenia and follow the border between Italy and Slovenia until just before Trieste. Only then do we drive back into Italy for the final kilometers to the major port city.

GROSSGLOCKNER
HOCHALPENSTRASSE

EDITORIAL

Wenn man das gefährliche Halbwissen der Welt abfragt, wird Österreich schnell auf die Bundesländer Tirol und Salzburg reduziert. Sozusagen aufs Skifahren in den hochalpinen Regionen. Dass zu Österreich auch die großen Bundesländer Ober- und Niederösterreich gehören, mit einer oft gänzlich unalpinen Landschaft, wissen viele schon nicht mehr. – In Oberösterreich schließt sich das sogenannte Mühlviertel als hügelig-bewaldete Mittelgebirgslandschaft an den Bayrischen Wald an, reicht aber auch bis hinauf nach Böhmen. Die Donau kurvt hier als imposanter und charaktervoller Strom durchs Land, prägt das Land mit ihren Schleifen, die Kultur mit ihrer alten Rolle als europäische Groß-Transportachse und die Küche mit Fisch und mitgeschwemmten Leckereien. West – Ost, Ost – West. Drüben in Deutschland hat sich die Donau mit dem Wasser vieler Alpenflüsse vollgesogen und schiebt nun stolz nach Osten, in Richtung Balkan und bis weiter zur Mündung ins Schwarze Meer.

Auch Niederösterreich, im Nordosten des Landes gelegen, wird nur zu einem Flächendrittel von Alpen-Ausläufern geprägt. Die Namen der „Viertel" des größten Bundeslands erzählen mehr: Waldviertel, Weinviertel, Mostviertel und Industrieviertel – ein Après-Ski-Viertel gibt es zur Verblüffung vieler Österreich-Fans überhaupt nicht ... Im äußersten Westen Österreichs finden wir dann das Bundesland Vorarlberg – für nicht wenige Winterurlauber nichts mehr als eine Bergpanorama-Gegend entlang der Autobahn vom Bodensee bis zum Skilift. – Dass Vorarlberg aber mehr ist, nämlich ein Bundesland mit spannender Geschichte und alemannischen Traditionen, die es eng mit der benachbarten Schweiz und dem Süden Deutschlands verknüpfen, verstehen nur Besucher, die zwischen Bregenz und Hochtannbergpass, Bodensee und Silvretta schon einmal genau hingeschaut und hingehört

If you were to ask the man in the street, you'd find that most people's knowledge of Austria is confined to the federal states of Tyrol and Salzburg, in other words, to skiing in the high alpine regions. Most people are unaware that Austria also includes the large federal states of Upper and Lower Austria, with their often completely nonalpine landscapes. In Upper Austria, the so-called Mühlviertel, a hilly, wooded low mountain range, borders the Bavarian Forest, but also stretches all the way up to Bohemia. The Danube cuts an impressive and characterful curve through the country here, shaping the countryside with its loops and bends and molding local culture with its long-established role as a major European transport axis, and supplying the regional cuisine with fish and other associated delicacies. West – East, East – West. Across in Germany, the Danube gathers the waters of many Alpine rivers and now flows proudly east, towards the Balkans and further to where it disgorges into the Black Sea.

Only one-third of the area of Lower Austria, located in the northeast of the country, is covered by Alpine foothills. The names of the "quarters" of the largest federal state tell us more: Waldviertel (Forest Quarter), Weinviertel (Wine Quarter), Mostviertel (Grape Must Quarter) and Industrieviertel (Industrial Quarter) – to the surprise of many of Austria's fans, there is no actual après-ski quarter... In the far west of Austria is the federal state of Vorarlberg – for quite a few winter holidaymakers, nothing more than a scenic mountain route from Lake Constance to the ski lifts. However, Vorarlberg is much more than that, namely a federal state that has close geographic links to neighboring Switzerland and southern Germany. Only those visitors who have paid close attention between Bregenz and the Hochtannberg Pass, Lake Constance and the Silvretta Moun-

haben. Viel weiter östlich, im Herzen Österreichs, liegt dann die Steiermark, eine Region der Wälder, Wiesen und Weiden, Obst- und Weingärten. Im Norden landet die Enns in der Donau, durch die Mitte und Graz, die Hauptstadt der Steiermark, schiebt die Mur nach Norden. Im Süden liegt die Grenze nach Slowenien und im Osten der Steiermark schließt sich das Burgenland an. Das kleinste Bundesland ist als Vorbote der pannonischen Tiefebene ein landschaftlich ganz Besonderes: Hier beginnen die großen, flachen Gebiete des Ostens, die staubig und weit an den Horizont reichen – geradeaus bis in die Ukraine oder hinunter nach Serbien. Die Hauptstadt Österreichs wird ebenfalls als eigenes Bundesland der Republik geführt und das geht definitiv in Ordnung: Wien ist nämlich eine Welt für sich. Die handfesten, eigenwilligen und geschäftstüchtigen Anpacker der Alpenregionen Tirols und Kärntens fremdeln mit der eleganten und weltgewandten, stets ein wenig hochnäsigen Hauptstadt häufig, wer sich aber als Besucher Hals über Kopf in die Stadt stürzt, dürfte sich ihrem Reiz – und vor allem dem „Schmäh" ihrer Bewohner – kaum entziehen können.

Der Wiener Schmäh, das ist nicht nur ein Dialekt mit schunkelndem Singsang, lang gezogenen Vokalen und elegant abkürzenden Code-Wörtern, sondern vor allem ein Slang. Gespeist aus einer großzügig dosierten Überheblichkeit, die sich an einem feinen Grat entlangbewegt – und dabei entweder haarscharf schneidende Spitzen oder launige Gutmütigkeiten verteilen kann. Überzuckert wird der Schmäh dann mit kunstvoll gepflegtem Fatalismus und am Ende in süßer Ironie-Soße lauwarm gereicht. Die Kunst, sich selbst ungeheuer ernst zu nehmen, das aber im eleganten Schmäh als Marotte des beleidigten Gegenübers abzutun, beherrschen die Wiener astrein. Wer verstehen möchte, wo die kulturellen Pole der deutschen Sprache liegen, muss einfach die berühmt-berüchtigte Berliner Schnauze mit dem Wiener Schmäh vergleichen: brachiale Direktheit im fast militärisch klingenden Straßenköter-Sound hier, bittersüße Herablassung verpackt in schmalzende Diplomatie dort. Vielleicht ist der Wiener Schmäh ja das Resultat von vielen Jahrhunderten an einer politischen und geografischen Schnittstelle Europas, als zuerst regionale, dann europäische Großmacht: 1156 erklärt der Kaiser des Heiligen Römischen Reichs, Friedrich I. „Barbarossa", das Herzogtum Österreich als unabhängig von Bayern, danach beginnt ein steiler Aufstieg. Und

tains will understand what we are talking about. Much further east, in the heart of Austria, lies Styria, a region of forests, meadows and pastures, orchards and vineyards. To the north, the River Enns flows into the Danube, and Graz, the capital of Styria, pushes the River Mur northward. To the south lies the border with Slovenia, and east of Styria is Burgenland. As an outlier of the Pannonian Plain, the smallest of Austria's federal states has a very special landscape: This is where the vast, flat and dusty pusztas of the east, stretch far toward the horizon – straight into Ukraine and down as far as Serbia.

Austria's capital also operates as a separate federal state within the republic, and that's definitely just as it should be: Vienna is a world apart. The hardworking, idiosyncratic, and enterprising people of the Alpine regions of Tyrol and Carinthia often feel alienated by the elegant and sophisticated, often somewhat snobbish capital, but visitors who plunge headlong into the city will find it hard to escape its charms – and in particular the mordant wit of its residents.

The Viennese communicate in a sing-song dialect of drawn-out vowels, elegantly abbreviated code words and almost impenetrable slang. Displaying a generous dose of arrogance that borders on rudeness, the local populace can deliver either razor-sharp barbs or witty good-natured remarks with equal aplomb . Exchanges can be sugarcoated with artfully cultivated fatalism and ultimately served in a sweet sauce of lukewarm irony. The Viennese have mastered the art of taking themselves incredibly seriously, but dismissing any perceived offence on the part of a wounded party with an insouciant shrug. If you want to understand the cultural poles of the German language simply compare Berliners' infamous bluntness with Viennese sarcasm: the almost military-sounding brutal directness heard in Germany's capital contrasts with bittersweet condescension wrapped in schmaltzy diplomacy encountered here.

It may be that Viennese vinegary sarcasm is the result of the city's many centuries as a political and geographical crossroads of Europe, first as a regional, then a European superpower: In 1156, the Holy Roman Emperor, Frederick I "Barbarossa," declared the Duchy of Austria independent from Bavaria, after which a rapid rise began. This was primarily linked to the Habsburg dynasty, which originated in present-

der hängt vor allem mit den aus der heutigen Schweiz stammenden Habsburgern zusammen: Die Adelsfamilie manövriert sich jahrhundertelang durch geschickte Heiratspolitik, ein klein wenig Gewalt und emsiges Sammeln erblicher Gebietsansprüche auf die Position einer der ersten Dynastien Europas. Auf seinem Höhepunkt im 19. Jahrhundert reicht der habsburgische Einfluss vom Balkan bis nach Mexiko, von der Donau bis an die Nordsee, von der Oder bis Cadiz. Das heutige Österreich ist also eine Art Kernland, letzter Rest des von der Moderne und ihren Kriegen, ihren Neuordnungen und Unabhängigkeitsbewegungen erodierten Reichs. In Wien ist dieser alte Geist einer Metropole zwischen den Welten immer noch zu spüren, hier treffen sich in Küche, Lebensart und Selbstbewusstsein der Orient und das Mittelmeer mit den Alpen und dem Balkan.

Bevor wir also den Zündschlüssel drehen und losfahren, muss wohl ein Hinweis in eigener Sache sein: Wir haben unsere Routenführung „Österreich-Route“ genannt, obwohl sie einerseits nur die alpinen Ecken der Bundesländer Vorarlberg, Tirol, Salzburg und Kärnten unter die Räder nimmt, andererseits aber auch über die Grenze ins heute italienische Südtirol und nach Slowenien wechselt – am Ende sogar in Triest, in Italien endet. Das alles war einmal Teil des Österreich-Ungarischen Kaiserreichs, einem untergegangenen politischen Konstrukt. Die damals geknüpften Bande, Beziehungen und kulturellen Magnetfelder haben allerdings nach wie vor Bestand – im Negativen wie im Positiven. Die ehemals ins Vielvölker-Konstrukt der k.u.k-Habsburgermonarchie gezwungenen Regionen mögen sich in vielen Aspekten teilweise immer noch in herzlicher Ablehnung gegenüberstehen, genauso sehr sind sie aber verbunden geblieben. Wie so oft lässt sich das vor allem an der Küche erkennen: So hat es beispielsweise das ungarische Gulyás, eine Suppe mit Fleisch-Einlage und Paprika, aus den Steppen der pannonischen Tiefebene bis auf die Speisekarten Tirols geschafft – wird dort aber häufig als Eintopf mit Wildfleisch und sogar italienischen Tortiglioni serviert. In Wien hat man das Gericht unter Zugabe von Frankfurter Würstchen, Spiegelei, Gewürzgurke und Semmelknödelscheiben als „Fiakergulasch“ opulent angereichert, in ländlichen Regionen findet man wiederum ein sparsames „Erdäpfelgulasch“, das hauptsächlich aus Kartoffeln, Zwiebeln und etwas gewürfelter

day Switzerland: For centuries, the noble family maneuvered itself to become one of Europe's leading dynasties through clever marriage politics, a little violence, and the assiduous accumulation of hereditary territorial claims. At its peak in the 19th century, Habsburg influence stretched from the Balkans to Mexico, from the Danube to the North Sea, from the Oder to Cadiz. Thus, present-day Austria is a kind of heartland, the last remnant of an empire eroded by modernity and its wars, realignments, and independence movements. In Vienna, this old spirit of a metropolis between the worlds is still in evidence; here, the Orient and the Mediterranean meet the Alps and the Balkans in cuisine, lifestyle, and self-confidence.

So, before we turn the key in the ignition and set off, we need to offer a personal note: we have decided to call our route the "Austria Route," even though it not only covers the Alpine regions of the federal states of Vorarlberg, Tyrol, Salzburg, and Carinthia, but also crosses the border into what is now Italian South Tyrol and Slovenia – actually ending in Trieste, Italy. All of this was once part of the Austro-Hungarian Empire, a now defunct political construct. The bonds, relationships, and cultural forces forged back then still endure however, both in their negative and positive aspects. The regions formerly shoehorned into the multi-ethnic construct of the Austro-Hungarian Empire may still harbor heartfelt hostility toward one another in many respects, but have nevertheless remained closely connected. As is so often the case, this is especially evident in the cuisine: For example, Hungarian gulyás, a soup with meat and paprika, has made its way from the steppes of the Pannonian Plain to Tyrolean menus, where it is often served as a stew with game and even Italian tortellini. In Vienna, the dish has been lavishly enhanced with the addition of Frankfurters, fried eggs, gherkins, and sliced bread dumplings, known as "Fiakergulasch" (cabdriver goulash). In rural regions, however, you'll come across a more economical "Erdäpfelgulasch" (potato goulash), consisting mainly of potatoes, onions, and some diced sausage.

Palatschinken pancakes and their sugary close relative Kaiserschmarrn, are now at home throughout the countries of the former Habs-

Wurst besteht. Auch Palatschinken-Pfannkuchen oder der verwandte Kaiserschmarrn ist heute im gesamten Bereich der Habsburgermonarchie zu Hause und kommt in jeder Region mit etwas unterschiedlichen Rezepturen auf den Tisch. Der heute ausgesprochen alpenländisch eingeschätzte Apfelstrudel hat in Wahrheit sogar einen noch weiteren Weg hinter sich, ist mit dem osmanischen Reich aus dem Nahen Osten über den Balkan bis nach Österreich gekommen und hat sich dann in alle Winkel des alten Kaiserreichs verbreitet. Oh, und natürlich darf man an dieser Stelle auch eine Initialzündung nicht vergessen, die ganz Europa, dann die ganze Welt erwischt hat: Mit den Türken gelangte der Kaffee aus Arabien bis nach Wien und wurde von dort zur heutigen, globalen Mega-Erfolgsstory.

Nudeln, Knödel, Suppen, Schnitzel - der ehemalige k.u.k.-Raum hat sich als wahrer Küchenkultur-Schmelztiegel erwiesen, von dem aus es dann dampfend und sämig in alle Winkel ging. Karge Bauerngerichte wurden zu raffinierten Speisen, lokale Zutaten zu weitgereisten Exportschlagern, kerniges Böhmen trifft leichtfüßiges Italien, deftiger Alpenraum verbindet sich mit orientalischer Exotik. So geht es eben an den Schnittstellen dieser Welt zu - die in Wahrheit überhaupt keine monolithischen Exklusiv-Räume sind, sondern immer ineinander übergehende Kulturdynamik. Reisende und Gourmets verstehen das ziemlich gut. Also: „Österreich“ ist in unserem Fall ein Klammerbegriff, wir nennen diese Reise so, weil sie größtenteils durch die Republik Österreich führt - aber nicht nur. Vielleicht finden wir ja sogar gerade im Nachdenken über die eingeschlagene Reiseroute einen Fingerzeig auf die Geschichte dieser Region im Osten des Alpenraums: Viele der Straßen sind entweder alte Handelsrouten Europas, auf denen seit Urzeiten Kulturgüter und menschliches Erbgut, Ideen und Waren quer durch den Kontinent unterwegs waren - oder sie sind Militärtrassen. Antike Heere haben die ganz großen Passrouten genommen, modernere Straßen gehen oft auf die Kämpfe zwischen mittelalterlichen Adelsdynastien oder den späteren Nationalstaaten Italien und Österreich zurück. So gesehen ist am heutigen Blickwinkel überhaupt nichts einzuwenden, der rein touristisch unterwegs ist. Als Skifahrer oder Wanderer, Mountainbiker oder Alpinist, Radfahrer, Biker, Sportwagentreiber. Weil die Berge wunderschön, das Essen gut und die Kurven rasant sind. In Österreich und so.

burg monarchy, and are served in slightly different recipes in every region. Apple strudel, now considered distinctly Alpine, has actually endured an even longer journey, arriving from the Middle East with the Ottoman Empire, crossing the Balkans, to Austria, and then spreading to every corner of the old empire. Oh, and of course, we shouldn't forget an initial spark that swept across Europe and then the entire world: the Turks brought coffee from Arabia to Vienna, from where it became today's global mega-success story.

From noodles and dumplings to soups and schnitzel, the former Austro-Hungarian Empire has proven itself a true melting pot of culinary culture, the steaming, creamy flavors spreading to every corner of the world. Simple peasant meals became refined dishes, local ingredients became popular, widely traveled exports, as robust Bohemian cookery meets light-hearted Italian cuisine and hearty Alpine regions mix with eastern exoticism. This is precisely what happens when the elements of this world collide. The fact is that these are not monolithic, exclusive spaces at all, but rather constantly intertwining cultural dynamics. Travelers and true gourmets understand this very well indeed.

In other words, "Austria" is a generic term in our case. We've decided to use the name to describe this journey because it mostly, but not exclusively, follows a route through the Austrian Republic. Perhaps, even as we reflect on the route we've chosen, we'll find a clue to the history of this region in the eastern Alps: many of the roads are either ancient European trade routes, along which cultural assets and human heritage, ideas, and goods have traversed the continent since time immemorial - or they are military routes. Ancient armies took the major pass routes, while more modern roads often date back to the battles between medieval aristocratic dynasties or the later nation-states of Italy and Austria.

Seen from this perspective, there's nothing wrong with people who travel purely for tourism, whether as skiers or hikers, mountain bikers or alpinists, cyclists, bikers, or sports car drivers. After all, the mountains are beautiful, the food is good, and the curves are fast. Let's imbibe Austria and all its surroundings.

MALTA-HOCHALMSTRASSE

GROSSGLOCKNER
HOCHALPENSTRASSE

GROSSGLOCKNER
HOCHALPENSTRASSE

FLEXENPASS

50

KAUNERTALER
GLETSCHERSTRASSE

KAUNERTALER
GLETSCHERSTRASSE

SILVRETTA
HOCHALPENSTRASSE

GROSSGLOCKNER
HOCHALPENSTRASSE

GROSSGLOCKNER
HOCHALPENSTRASSE

Kehre 6

GROSSGLOCKNER
HOCHALPENSTRASSE

REUTTE SÖLDEN

460 KM • 10 STD // 286 MILES • 10 HRS

Die letzte Eiszeit hat Europa in einen dicken Tiefkühlpanzer gepackt. Ganz im Süden Deutschlands ist unter dem Hin- und Herschieben von Hunderttausenden Tonnen Eis eine sonderbare Landschaft entstanden – die Hügel des Allgäu. Sattgrün, mit Wiesen und Wäldern bedeckt, rollen sie dahin und täuschen mit den weithin sichtbaren Kirchlein, Wegkreuzen oder Waldkronen auf ihren Kuppen darüber hinweg, dass diese Landschaft eigentlich aus den Kuhlen dazwischen besteht, die das Eis in einen weichen Untergrund massiert hat.

—

The last Ice Age encased Europe in a thick, deep-frozen shell. In the very south of Germany, a strange landscape has emerged as hundreds of thousands of tons of ice shifted back and forth to form the hills of the Allgäu. This lush green countryside of meadows and forests, rolls along, and the churches, wayside crosses, and dense woods crowning the summits might lead you to think that this landscape actually consists of hollows carved into the soft ground by the ice.

HOTEL

DER LERMOOSER
DANIELSTRASSE 23
AT-6631 LERMOOS
ÖSTERREICH
WWW.LERMOOSER.COM

Ganz im Süden brandet das Allgäu dann gegen die ersten Felsmassive der Alpen. Als letzter Überrest der Eiszeit finden sich am Fuß des Gebirges ehemalige Schmelzwasserlachen: Alpsee, Bannwaldsee, Weißensee, Hopfensee. Selbst der große Forggensee, eine menschengemachte Aufstauung des Lech, macht sich im Grunde in solchen uralten Pfützen breit, die das Abschmelzen der riesigen Gletscherzungen zusammen mit dem zermahlenen Moränen-Gestein hinterlassen hat.

In dieser dramatischen Landschaft hat sich ein kitschiger Gast eingenistet – das Schloss Neuschwanstein. Im ersten Stockwerk des Tegelberg-Massivs, das aus dem Allgäu-Grund mit bewaldeten Hängen bis hinauf zu steinernen Gipfeln steigt, ragen seine Zinnen empor: „Irgendwo da oben muss bestimmt eine Prinzessin im Märchen-Koma liegen", denkst du beim Anblick des Schlosses, „und sie wartet aufs Wachgeküsstwerden, während in den Bilderbuch-Türmchen die Wachmannschaft schläft." – Hunderttausende Touristen aus Asien und den USA versuchen sich jedes Jahr an diesem Rätsel des schlummernden Schlosses, aber die eigentliche Pointe haben sie verpasst: Die ganze Anlage ist nur ein Traum. Sozusagen eine Märchenkulisse, gebaut für den bayrischen König Ludwig II., der in einer gefühligen Parallelwelt zum Hauptdarsteller seiner ganz eigenen Operette wurde. Das Märchenschloss Neuschwanstein stammt also nicht aus einem heldenhaften Mittelalter der Ritter und Burgfräulein, sondern vom Ende des 19. Jahrhunderts. Während 1875 am Tegelberg gebaut wird, arbeitet Alexander Graham Bell am Telefon, lotet eine britische Expedition im Marianengraben die bis dahin tiefste Stelle der Erde aus, startet in Wien die Rohrpost – die Moderne prescht also gewaltig dampfend heran und nur Ludwig II. scheint es nicht mitbekommen zu haben.

Man kann dem bayrischen König allerdings kaum verdenken, dass ihn die pittoreske Gebirgslandschaft zwischen Allgäu und der Grenze nach Österreich zum Bau des Schlosses inspiriert hat – es ist einfach zu schön hier. Und für das heutige deutsche Bundesland Bayern hat sich der sündhaft teure Bau, finanziert aus Ludwigs Privat-

But you'd be wrong. In the very south, the Allgäu region surges against the first rocky massifs of the Alps. Former meltwater pools can be found at the foot of the mountains, the last remnants of the Ice Age: Alpsee, Bannwaldsee, Weissensee, Hopfensee. Even the large Forggensee, a man-made dam on the Lech River, is essentially made up of such ancient water courses, left behind by the melting of the enormous glacial tongues along with the ground-up moraine rock.

A gloriously kitschy guest has set up residence in this dramatic landscape – Neuschwanstein Castle. Its battlements surge from the floor of the Tegelberg massif, which rises from the Allgäu region, its wooded slopes climbing to stony peaks. "Somewhere up there, a princess must be lying in a fairytale slumber," you think when you consider the castle, "waiting to be kissed awake, while the guards sleep in the picture-perfect turrets." Although hundreds of thousands of tourists from Asia and the USA try to solve this riddle of this architectural sleeping beauty every year, they've actually missed the real point: the entire complex is just a fantasy, a fairytale backdrop, built for the Bavarian King Ludwig II, who, in an emotional parallel world, became the leading character in his very own musical drama. The fairytale castle of Neuschwanstein doesn't date back to a heroic medieval past of knights and damsels, but to the end of the 19th century. While construction was underway on the Tegelberg in 1875, Alexander Graham Bell was working on the telephone, a British expedition was exploring the deepest place on Earth at the time in the Mariana Trench, and the pneumatic tube transport system was being launched in Vienna – modernity was steaming towards us, and only Ludwig II seemed to have failed to notice.

However, you can hardly blame the Bavarian king for being inspired to build the castle by the picturesque mountain landscape between the Allgäu and the Austrian border – it's simply too beautiful here. For modern day Bavaria, the outrageously expensive construction, financed from Ludwig's private coffers, is a genuine cash cow: over a million visitors flock here each year, dreaming of a romantic, fictional past, and

NAMLOS PASS

HAHNTENNJOCH

FLEXENPASS

schatulle, mehr als gelohnt: Über eine Million Besucher spülen Jahr für Jahr von einer romantischen Fiktiv-Vergangenheit träumend Unsummen in die Staatskasse. Das Bühnenbild am Start unserer Reise wäre damit in allen Details umrissen. Wir staunen ein letztes Mal hinüber zu den Türmen des königlichen Traums, lassen dann die Landschaft rund um den Forggensee links liegen und rauschen in den Tunnel hinein, den die Autobahn A7 exakt 1.300 Meter weit ins Gebirge reißt. Irgendwo in der Mitte beginnt Österreich. Der Lech hat sich weiter östlich zwischen den Bergen hindurchgepresst, nun treffen wir ihn wieder und fahren flussaufwärts. Eisblaues Wasser strudelt in breiten Schotterbetten daher, die der Gebirgsfluss über Jahrhunderte aus den Alpen heruntergetragen hat. Einsame Sträucher und sogar kleine Bäume haben sich auf diesen Kiesbänken niedergelassen, versuchen dort ihre Wurzeln tief zu schlagen, um das nächste Hochwasser zu überstehen. Dabei ist der Lech an manchen Stellen kaum zu sehen, nur kleine Rinnsale sind in Trockenphasen von ihm übrig. Das Tal ist stattdessen gefüllt mit Geröll, kaum zu glauben, dass hier nach der Schneeschmelze oder starken Regenfällen regelrechte Wasserwalzen und schäumend-graue Fluten heruntergischten werden.

Im kleinen Ort Stanzach verlassen wir das Lechtal, stürzen uns gierig die ersten Kehren hinauf, um uns endlich wirklich auf die Reise zu machen. Energisch kurvt die Straße durch das Tal, hält sich immer an den bewaldeten Berghängen und macht so Höhenmeter um Höhenmeter gut. Bis sie es auf den offenen Boden des Namloser Tals geschafft hat, für eine kurze Verschnaufpause. Um nun in wenigen, weiten Kehren ins Berwanger Tal hinunterzustürzen, den Schwung danach mitzunehmen, für die letzte Schussfahrt bis Bichlbach.

Und dort haben uns die Urlauber- und Fernfahrer-Karawanen wieder, die aus Reutte kommend über Lermoos zum Fernpass streben, während von oben eine schneebedeckte Zugspitze schweigend dem Treiben zusieht: Mächtige Interkontinental-Lkw hämmern durch die Berge, Wohnmobil- und Caravan-Pulks zeitlupensurfen in ihrem Windschatten, genervte oder – je nach Temperament – schicksalsergebene Autofahrer komplettieren die zähflüssige Masse, die sich da durchs Nadelöhr am Fernsteinsee presst. Um dann entweder hinten bei Telfs im Inntal das Weite zu suchen oder an Nassereith und Tarrenz vorbei bis Imst zu schippern, weil es dort in Richtung Landeck geht und weiter zum Reschenpass. – Bis kurz vor Imst machen wir die Plackerei mit, dann greift Plan B: Auf zum Hahntennjoch. Kurven sammeln, ohne die ganze Zeit auf eine Lkw-Plane zu starren oder einen Kleines-Camperglück-Sinnspruch am breiten Hinterteil eines rollenden Eigenheims in Weiß. Mächtige Bergflanken stürzen von beiden Seiten auf uns zu, krachende Bergriesen stehen Spalier, während sich die Straße zurück übers Gebirge kämpft. Zurück,

adding vast sums into the state coffers. The dramatic setting for the start of our journey is etched on our minds in every detail. We gaze in awe at the towers of the royal fever dream one last time, then leave the landscape around Lake Forggensee to the left and head into the tunnel that the A7 motorway burrows exactly 1,300 meters into the mountains. Austria begins somewhere in the middle. The Lech River has squeezed a path further east between the mountains. We find ourselves reunited with it and head upstream. Ice-blue water swirls in wide gravel beds that the mountain river has carried down from the Alps over the centuries. Occasional shrubs and even small trees have established themselves on these gravel banks, attempting to put down roots there to survive the next flood. In some places, the Lech is barely visible; only a tiny trickle remains during dry periods. Instead, the valley is filled with scree; it's hard to believe that after the snow melts or heavy rainfall, a veritable deluge of water crashes down here in foaming, grey torrents.

We leave the Lech Valley at the small town of Stanzach, pushing eagerly up the first hairpin bends before finally truly embarking on our journey. The road winds tortuously through the valley, keeping to the wooded mountain slopes, gaining height meter-by-meter. Finally, it reaches the open ground of the Namlos Valley for a short breather. We then plunge down into the Berwang Valley by a few broad bends, carried onward by the momentum for the final downhill descent to Bichlbach.

At this point, we catch up with the caravans of holidaymakers and long-distance truck drivers, approaching the Fern Pass from Reutte via Lermoos, while the snow-capped peak of the Zugspitze witnesses the hustle and bustle from above in stony silence: mighty intercontinental trucks beat a path through the mountains, with groups of camper vans and caravans following in slow motion in their slipstream. Irritated or -depending on their temperament – resigned drivers join the viscous mass that presses through the bottleneck at Fernsteinsee. Then they either head off to Telfs in the Inn Valley or sail past Nassereith and Tarrenz to Imst, where the route heads toward Landeck and on to the Reschen Pass. We put up with the slog until just before Imst, when Plan B kicks in: we decide to climb to the Hahntennjoch. We negotiate the curves without the constant view of unattractive truck tarpaulins or jaunty little stickers on the broad backside of a white motorhome. Mighty rocky flanks envelope us from both sides. Crushing giants stand shoulder-to-shoulder as the road battles its way back over the mountains. Having traveled just a few kilometers south of Stanzach, we find ourselves back in the Lech Valley, happy to have made such a turbulent start. The remaining distance up the Lech Valley feels like queuing for a roller coaster or a ski lift: you can hardly wait for the fun to start

SILVRETTA HOCHALPENSTRASSE

Landeck 49 km
Galtür 8 km

SILVRETTA
HOCHALPENSTRASSE

KAUNERTALER
GLETSCHERSTRASSE

weil wir am Ende nur ein paar Kilometer südlich von Stanzach wieder im Lech-Tal sind, glücklich und zufrieden über den turbulenten Auftakt. Die weiteren Kilometer den Lech hinauf fühlen sich dementsprechend an wie das Anstehen an der Achterbahn oder am Skilift: Du kannst es kaum erwarten, bis der Spaß wieder losgeht. Im Süden der Hornbachkette schippern wir nach Südwesten, bis der Lech bei Warth nach Süden schwenkt. Das 2.416 Meter hohe Karhorn bewacht hier an der Grenze zwischen Tirol und Vorarlberg den Eingang ins Lechtal, der Fluss selbst ist hier noch jung und kommt als ungestümer Gebirgsbach dahergerauscht. Die Straße sucht sich am Berghang darüber ihren Weg, schneidet tief in steil abfallenden Fels, quert im nächsten Moment wieder weite Öffnungen im Tal. Dichter Wald stürzt sich die Hänge herab, macht dann wieder weiten Grasmatten Platz, auf denen Gras für den Winter geschnitten wird.

Bis Lech am Arlberg geht das so, dann zeigt das Gebirge endgültig seine abweisende Seite: Das Innere des Arlbergs ist eine in sich abgeriegelte Welt, nur schwer zu erreichen. Zufahrtsstraßen gab es lange Zeit nicht, die Bewohner dieses hochalpinen Bereichs dürften ihr Dasein über Jahrhunderte hinweg auf einem anderen Planeten gefristet haben. Manche Gegenden waren zu Beginn des 18. Jahrhunderts sogar verlassen und menschenleer, erst im letzten Viertel dieser Epoche kamen mit neu angelegten Wegerouten die Menschen zurück. Es sollte aber nahezu ein weiteres Jahrhundert dauern, bis diese Welt hinter den Bergen durch den Bau der Arlbergbahn und die spätere Straßenanbindung am Flexenpass kein weißer Fleck auf der Landkarte mehr war. – Dort hinauf fahren wir jetzt. Durch die Tunnel und Galerien der Lechtalstraße bis Zürs und dann die letzten Meter auf die Passhöhe. Das eigentliche Tor hinunter ins Klostertal liegt erst hinter dem höchsten Punkt des Flexenpass: Der alte Säumerpfad tastet sich etwas weiter östlich zwischen Felsen und Geröll voran, die moderne Straße nutzt dagegen rohe Gewalt. Dunkle Tunnel durchstechen die ganz widerspenstigen Felsen, eng an den Hang geduckte Galerie-

all over again. In the south of the Hornbach range, we sail southwest until the Lech turns south near Warth. The 2,416-meter-high Karhorn peak stands guard at the entrance to the Lech Valley on the border between Tyrol and Vorarlberg; the river itself is still in its infancy here, rushing along like a boisterous mountain stream. The road threads its way along the mountainside above, cutting deep into steeply sloping rock, and the next moment crossing wide gashes in the valley. Dense forest cascades down the slopes, before giving way to broad grassy meadows where hay is being harvested in preparation for the winter.

Things continue in this vein until Lech am Arlberg, where the mountains finally reveal their less welcoming side: Arlberg's interior is an hermetically sealed world that is difficult to reach. For many years, there were no access roads, and, for centuries, the inhabitants of this high-alpine region must have eked out an existence on what was almost like a different planet. Some areas were even deserted and uninhabited at the beginning of the 18th century; it wasn't until the last quarter of the 1700's that people returned with newly constructed roads. Nonetheless, it would take almost another century before this world beyond the mountains was no longer uncharted territory on the map, thanks to the construction of the Arlberg Railway and the subsequent road connection at the Flexen Pass. – That's where we're heading now. We venture through the tunnels and galleries of the Lech Valley Road to Zürs and then complete the final few meters to the top of the pass. The actual gateway down into the Klostertal Valley lies just beyond the highest point of the Flexen Pass: the old pack horse trail feels its way a little further east between rocks and scree, while the modern road applies brute force. Dark tunnels pierce the stubborn rocks, while gallery roofs nestled tightly against the slope protect the road from rockfall and avalanches, or from being washed away entirely. A final crescendo of switchbacks then completes the descent into the valley near Stuben. It all happens very quickly at this point: the E60 expressway bursts out of the great Arlberg

HOTEL / RESTAURANT

ROTE WAND GOURMET HOTEL
ZUG 5
A-6764 LECH AM ARLBERG
WWW.ROTEWAND.COM

HOTEL CHRISTBERG
DORF 316
A-6764 LECH AM ARLBERG
WWW.HOTEL-KRISTBERG.AT

Ab hier nennt sie sich „Silvretta-Hochalpenstraße“, groovt dramatisch und in 24 Serpentinenkehren bis hinauf zum Vermunt-Stausee, nimmt danach noch ein weiteres Stockwerk zur Bielerhöhe am Silvretta-Stausee. Pragmatisch betrachtet würde für die Verkehrsachse Rheintal-Inntal ja die Verbindung über die Arlberg-Straße genügen, die weiter südlich verlaufende Strecke müsste nicht sein.

At this point, the road changes its name, becoming the "Silvretta High Alpine Road," twisting dramatically in 24 serpentine bends up to the Vermunt Reservoir, then climbing to another level to the Bielerhöhe Pass at the Silvretta Reservoir. On a practical level, the Arlberg Road connection would serve perfectly well as the axis for traffic between the Rhine Valley and the Inn Valley. Strictly speaking, the trip further south was unnecessary.

HOTEL / RESTAURANT

TOP HOTEL HOCHGURGL
HOCHGURGLERSTRASSE 8
A-6456 HOCHGURGL
WWW.TOPHOTELHOCHGURGL.COM

dächer schützen die Straße ansonsten gegen Steinschlag und Lawinen oder gegen das Weggespültwerden. Ein letztes Serpentinen-Crescendo schafft dann den Abstieg ins Tal bei Stuben.

Nun geht alles ganz schnell: Bei Langen am Arlberg prescht die E60-Schnellstraße aus dem großen Arlbergtunnel heran und lässt uns als zusätzliche Reisende aufspringen, Minuten später sind wir bereits bei Bludenz angelangt. Am westlichsten Punkt unserer Reise. Von hier aus wären es nur noch wenige Kilometer ins Rheintal bei Feldkirch oder gar zum Bodensee, aber wir haben uns ja gerade erst im Rhythmus der Berge eingeschunkelt. Drehen deshalb entschlossen am Kompass, legen das Steuer auf einen Südost-Kurs und stechen hinein ins Montafon. Vandans, Schruns, Gaschurn, schlussendlich Partenen – die Fahrt im milden, weiten Tal verläuft als entspannter Swing. Bis die Berge eben immer enger heranrücken und sich der Straße wieder in den Weg stellen.

Ab hier nennt sie sich „Silvretta-Hochalpenstraße“, groovt dramatisch und in 24 Serpentinenkehren bis hinauf zum Vermunt-Stausee, nimmt danach noch ein weiteres Stockwerk zur Bielerhöhe am Silvretta-Stausee. Pragmatisch betrachtet würde für die Verkehrsachse Rheintal-Inntal ja die Verbindung über die Arlberg-Straße genügen, die weiter südlich verlaufende Strecke müsste nicht sein. Dass die Verkehrsplaner aus den notwendigen Service-Trassen zu den

tunnel near Langen am Arlberg, allowing us to jump aboard as late-coming passengers. Minutes later, we've already reached Bludenz, the westernmost point of our journey. From here, it would only be a few kilometers to the Rhine Valley near Feldkirch or even Lake Constance, but we've only just settled into the rhythm of the mountains. So we turn the compass in a decisive move, setting a southeasterly course, and heading into the Montafon valley. Vandans, Schruns, Gaschurn, and finally Partenen. The drive through the mild, wide valley is relaxing, until the mountains move inexorably closer, only to block the road again. At this point, the road changes its name, becoming the "Silvretta High Alpine Road," twisting dramatically in 24 serpentine bends up to the Vermunt Reservoir, then climbing to another level to the Bielerhöhe Pass at the Silvretta Reservoir. On a practical level, the Arlberg Road connection would serve perfectly well as the axis for traffic between the Rhine Valley and the Inn Valley. Strictly speaking, the trip further south was unnecessary. However, the fact that the road planning authorities have transformed the vital service routes to the reservoirs below the Bielerspitze peak into a wonderfully dynamic, winding delight means that the toll we paid to use the Silvretta High Alpine Road was well spent. On the eastern side, the Paznaun Valley Road sweeps down with an elegant gesture, between mountain ranges whose camouflage of scrubby bushes, moss, ferns, and rock almost makes you feel like you're journeying through the far north of Scotland or Scandinavia. We just manage to catch the Silvretta toll station before Galtür, and, after this short pit stop, we surf on via Ischgl, pushing ever onward, until the Inn Valley stops us short in Landeck.

Just a few minutes' drive further and we would find ourselves in Imst, and, shortly after that, at the gateway to the Fern Pass. If we hadn't taken the protracted journey through the far west of Austria, we could have passed by here a few hours ago, joining the main flow of traffic towards the Brenner Pass, down into the sunny south. But, of course, that's exactly the opposite of why we're actually here. Hence, we strike away from the Inntal motorway beyond

KAUNERTALER
GLETSCHERSTRASSE

Stauseen unterhalb der Bielerspitze aber ein herrlich schwungvollinszeniertes Kurven-Vergnügen gemacht haben, ist uns die Maut für die Silvretta-Hochalpenstraße allemal wert. Auf der Ostseite fegt die Paznauntalstraße in elegantem Schuss hinunter, zwischen Bergketten, die mit ihrem Flecktarn aus struppigen Sträuchern, Moos, Farn und Fels beinahe den Eindruck erwecken, als sei man im hohen Norden Schottlands oder Skandinaviens unterwegs. Die Silvretta-Mautstelle vor Galtür erwischen wir gerade noch so, surfen nach diesem kurzen Boxenstopp über Ischgl weiter, immer weiter, bis uns in Landeck das Inntal in die Quere kommt.

Nur wenige Fahrminuten weiter wären wir in Imst und kurz danach am Tor zum Fernpass – hier hätten wir ohne unseren weiten Ritt durch den äußersten Westen Österreichs vor einigen Stunden vorbeikommen und zusammen mit dem Hauptverkehrsstrom in Richtung Brenner strömen können, hinunter in den sonnigen Süden.

Exakt das Gegenteil also, weshalb wir in Wahrheit hier sind. Und deshalb streunen wir bereits hinter dem benachbarten Zams weg von der Inntal-Autobahn, hinein in den Tunnel unter dem Venet, dem Landecker Hausberg, und stürzen uns bei Prutz ins nächste Kurzabenteuer: Die Kaunertaler Gletscherstraße beginnt unten im grünen Tal des Inn, strebt durch sämtliche Gebirgslagen, vorbei am Gepatasch-Speichersee mit seiner über 150 Meter hohen Staumauer und landet schließlich auf 2.750 Meter Höhe, am Fuß des Weißseeferner. Höher hinaus geht es hier nur mit der Karlesjochbahn, die einen bei über 3.100 Metern in einen windumtosten Sattel spuckt, der direkt an der Grenze zu Italien liegt. Ende, weiter geht es hier wirklich nicht.

Und deshalb rollen wir wieder hinunter ins Tal, schlüpfen dann auf der Südseite des Venet vorbei und huschen mit einem letzten Blick auf den Inn ins Ötztal hinein. Während sich der Fluss auf seinen langen Weg nach Norden in Richtung Donau macht, zieht es uns nach Süden. Bis ans Tal-Ende bei Sölden schaffen wir noch. Dann warten alte Geschichten und neue Abenteuer.

Und deshalb rollen wir wieder hinunter ins Tal, schlüpfen dann auf der Südseite des Venet vorbei und huschen mit einem letzten Blick auf den Inn ins Ötztal hinein. Während sich der Fluss auf seinen langen Weg nach Norden in Richtung Donau macht, zieht es uns nach Süden. Bis ans Tal-Ende bei Sölden schaffen wir noch. Dann warten alte Geschichten und neue Abenteuer.

And so we boast back down into the valley, slipping past the southern face of Mount Venet, and, with a final glimpse of the Inn, we cross into the Ötztal Valley. While the river continues its long journey north toward the Danube, we're headed south. We make it to the end of the valley near Sölden, where old stories and new adventures await.

the neighboring municipality of Zams, diving into the tunnel beneath the Venet, Landeck's local mountain, and plunging into our next little adventure near Prutz: the Kaunertal Glacier Road begins down in the green Inn Valley, winding its way through all the mountain ranges, past the Gepatsch Reservoir with its 150-meter-high dam, and finally landing at the foot of the Weißseeferner Glacier, at an altitude of 2,750 meters. The only way to get higher here is with the Karlesjochbahn cable car, which whisks you up to a windswept saddle at over 3,100 meters, right on the border with Italy. We've come to the end of the line: there really is no way forward from here.

And so we boast back down into the valley, slipping past the southern face of Mount Venet, and, with a final glimpse of the Inn, we cross into the Ötztal Valley. While the river continues its long journey north toward the Danube, we're headed south. We make it to the end of the valley near Sölden, where old stories and new adventures await.

REUTTE SÖLDEN

)as Gebirge zwischen den Allgäuer Hochalpen und dem Inntal lassen viele Reisende häufig links liegen – für ins wird es zur rasanten Aufwärmrunde: Direkt hinter der deutsch-österreichischen Grenze stürzen wir uns n Lechtal, und ziehen dann über Berwang bis Lermoos. Der Fernpass ist das alte Tor aus dem Norden nach Tirol, uch wir nutzen seine viel befahrene Trasse, um weiter in Richtung Süden zu gelangen. Kurz vor dem Inntal ıehmen wir dann aber eine neue Spur auf, ziehen übers Hahntennjoch zurück ins Lechtal. Bis Zürs und Stuben ueren wir die Region Arlberg, stoßen dann immer weiter nach Westen und drehen erst kurz vor Bludenz, in Rufweite des Rheintals bei. Hier liegt der östlichste Punkt unserer Reise durch Österreich. Weiter geht es ins Aontafon, dann über die Silvretta-Hochalpenstraße, die als erster fahrerischer Höhepunkt aus dem Bundesland Vorarlberg zurück nach Tirol führt. Galtür und Ischgl dürften Wintersportlern gut bekannt sein – wir durchqueren die Gegend in konzentrierter Schussfahrt, deren Ende wir erst bei Landeck erreicht haben. Nach einem andschaftlich reizvollen Abstecher ins hochalpine Kaunertal begleiten wir nun tatsächlich den Inn für einige Kilometer auf seiner weiten Reise. Das Ende der Etappe haben wir dann im Ötztal erreicht. Sölden, am Fuß des Tiefenbachgletschers, wird zum Etappenziel.

–

Aany travelers tend to ignore the mountain range between the Allgäu High Alps and the Inn Valley but, for us, it erves as a fast-paced warm-up: directly across the German-Austrian border, we plunge into the Lech Valley, then continue via Berwang to Lermoos. The Fern Pass is the old gateway from the north to Tyrol, and we also use its ›usy route to continue south. Shortly before the Inn Valley, however, we take a new path, heading over the Hahnennjoch back into the Lech Valley. We traverse the Arlberg region to reach Zürs and Stuben, then continue westvard, turning just before Bludenz, not far from the Rhine Valley. This is the easternmost point of our journey hrough Austria. We continue into the Montafon Valley, then over the Silvretta High Alpine Road, the first highight of the trip, taking from Vorarlberg back to Tyrol. Galtür and Ischgl will be well known to winter sports enthusiasts – we traverse the region in a concentrated downhill run, which only ends in Landeck. After a scenic letour into the high-alpine Kaunertal Valley, we actually follow the River Inn for a few kilometers of its long journey. Finally, we reach the end of the stage in the Ötztal Valley at Sölden, at the foot of the Tiefenbach Glacier.

460 KM • 10 STD // 286 MILES • 10 HRS

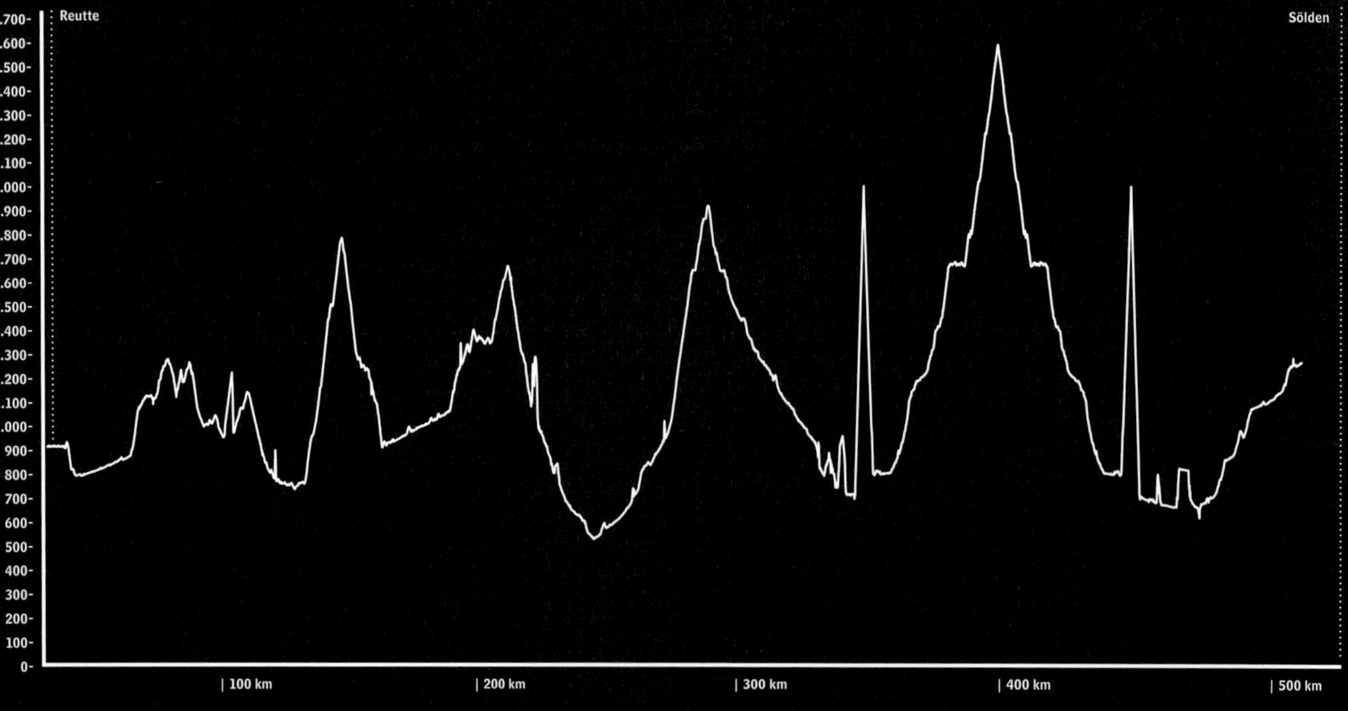

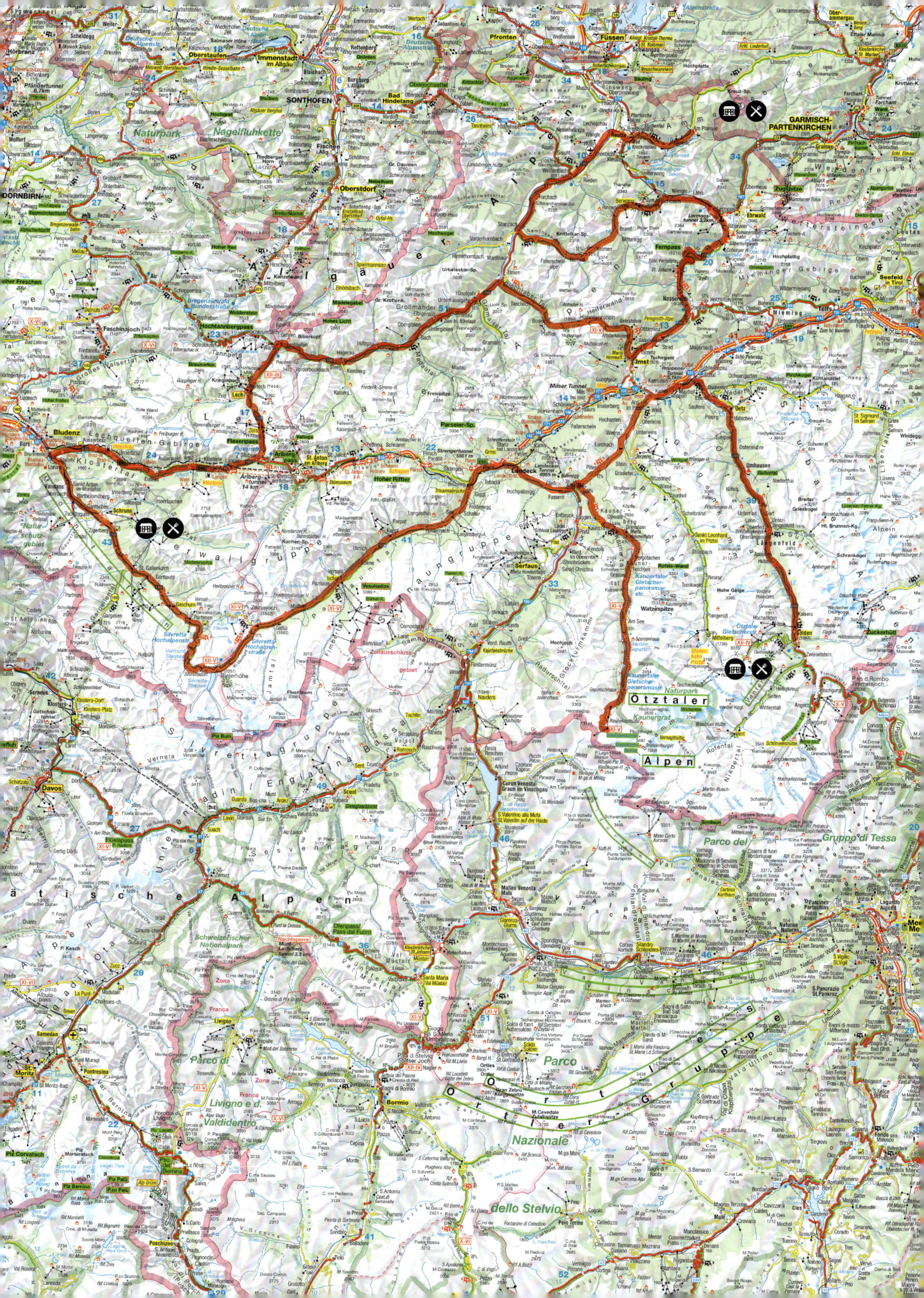

GARMISCH-PARTENKIRCHEN
Füssen
Pfronten
Oberstaufen
Immenstadt im Allgäu
SONTHOFEN
Bad Hindelang
Oberstdorf
Naturpark
Nagelfluhkette
DORNBIRN
Reutte
Ehrwald
Zugspitze
Fernpass
Nassereith
Mieming
Telfs
Seefeld in Tirol
Imst
Landeck
Bludenz
Schruns
Arlberg
St. Anton am Arlberg
Lech
Flexenpass
Verwallgruppe
Samnaungruppe
Serfaus
Nauders
Ötztaler Alpen
Naturpark Ötztaler Alpen
Sölden
Zwieselstein
Obergurgl
Längenfeld
Umhausen
Ötz
Davos
Klosters
Fluelapass
Silvretta Hochalpenstraße
Ischgl
Galtür
Scuol
Zernez
Schweizerischer Nationalpark
Ofenpass/Pass dal Fuorn
Santa Maria Val Müstair
Glurns
Mals/Malles Venosta
Reschen
Livigno e d. Valdidentro
Parco di
Bormio
Parco Nazionale dello Stelvio
Ortlergruppe
Gruppo di Tessa
Parco del
Samedan
St. Moritz
Pontresina
Poschiavo
Sulden
Trafoi
Stilfser Joch

SÖLDEN
ZELL AM SEE

282 KM • 4,5 STD // 176 MILES • 4,5 HRS

Zwei Stunden und rund 100 Kilometer von Sölden entfernt, liegt der Mann, der das Ötztal weltweit bekannt gemacht hat, in einer Kühlzelle bei minus 6,5 Grad und hoher Luftfeuchtigkeit. – Vor rund 5.300 Jahren muss der damals 45-jährige, ungefähr 1,60 Meter große, glatzköpfige und dunkelhäutige Jäger aus dem südlichen Alpenraum bis ins Schnalstal gekommen, und von dort weiter nach Norden, zum Tisenjoch gestiegen sein.

—

Two hours and around 100 kilometers from Sölden, the man who made the Ötztal Valley world famous sleeps soundly in a high humidity cold storage room at minus 6.5 degrees Celsius. Around 5,300 years ago, the then 45-year-old, approximately 1.60 meters tall, bald-headed, and dark-skinned hunter must have come from the southern Alps to the Schnalstal Valley, climbing further north from there to the Tisenjoch Pass.

Was Freundschaft verbindet
kann Politik nicht trennen

V
28

Richtig gut dürfte sich der stark tätowierte Mann nicht gefühlt haben: Arme und Hände tragen Schnittverletzungen, der Rücken ist schmerzhaft zerkratzt, obendrein plagt ihn eine akute Magen-Verstimmung. Und nun hat er nach stundenlangem Aufstieg in hochalpines Gelände endlich das Gefühl, eine Verschnaufpause einlegen zu können: Was oder wer auch immer ihm so zugesetzt hat, ist augenscheinlich abgehängt. In einer geschützten Felsrinne setzt er sich nieder, legt Kupferbeil, Pfeile und Bogen ab, öffnet den in eine Rückentrage aus Haselholz gespannten Fellsack, holt eine Mahlzeit heraus und verspeist sie zufrieden: Steinbock-Fleisch.

Dann zerreißt schlagartig ein scharfer Schmerz den Rücken, ein Pfeil mit Feuersteinspitze durchschlägt das Schulterblatt. Vermutlich fällt er nach vorn, greift instinktiv nach hinten und versucht die Wunde mit der Hand abzudrücken – aber da trifft ihn bereits ein schwerer Schlag knirschend am Hinterkopf. Wie der Pfeilschaft herausgezogen wird, bekommt er höchstwahrscheinlich schon nicht mehr mit. Seine Reise auf dieser Seite der Zeit ist zu Ende. Hunderte, Tausende Jahre lang wird die Leiche unter Schnee und Eis tiefgefroren, dann wieder aufgetaut und in Bergsommern mumifiziert. Irgendwann rutscht sie den Hang hinunter und bleibt erst in einer Senke erneut liegen. Bis sie nach unvorstellbar langer Zeit gefunden wird. 1991. Und seitdem als „Ötzi", der Mann vom Tisenjoch, die Mumie vom Similaun, Archäologiegeschichte schreibt.

Seine Zeit ist längst untergegangen, nicht nur das Klima und die Bewohner der Alpen haben sich seit damals dramatisch verändert, aber eine kleine Erinnerung bleibt trotzdem: Wie lange es schon Reisen über die Berge gibt. Und dass die heutigen Routen kaum andere sind als am Ende der Steinzeit. Aus dem Ötztal wäre es für den Wanderer 3.000 Jahre vor Beginn unserer Zeitrechnung bereits damals nicht weit bis ins Inntal und von dort in die weite Welt nördlich der Alpen gewesen ... Und noch ein Gedanke geht uns durch den Kopf, während wir durchs Ötztal fahren, von einem breiten Talboden zum nächsten, und dazwischen immer eine enge Klamm nehmen,

This heavily tattooed individual cannot have been feeling particularly well: his arms and hands reveal cuts, his back is painfully scratched, and on top of that, he is suffering from an acute stomach upset. Now, after hours of climbing in high alpine terrain, he finally feels like he can stop and catch breath: it seems that whatever or whoever was bothering him so much has been shaken off. He sits down in a sheltered rocky gully, lays down his copper axe, bow and arrows, reaches inside the fur sack stretched into a hazelwood backpack, takes out a meal of ibex meat, and devours it contentedly.

A sharp pain suddenly tears through his back, as a flint-tipped arrow pierces his shoulder blade. He probably falls forward, instinctively reaching back in an attempt to close the wound with his hand – but then a heavy blow lands with a crunch on the back of his head. He most likely doesn't even notice the arrow shaft being pulled out. His life journey is over. For hundreds and thousands of years, the body is frozen solid under snow and ice, then thawed and mummified in mountain summers. At some point it slips down the slope, finally coming to rest again in a depression. Then, after an unimaginably long time, it is rediscovered. Ever since 1991, "Ötzi", the man found on the Tisenjoch Pass, the mummy of Similaun, it has been rewriting archaeological history.

Although Ötzi's time is long passed and the climate and the inhabitants of the Alps have changed dramatically since then, we are nevertheless reminded of just how long people have been journeying across the mountains. Today's routes do not differ radically from those followed at the end of the Stone Age. Even 3,000 years before the beginning of the modern era, hikers from the Ötztal Valley would have been able to reach the Inn Valley, venturing on from there into the wide world north of the Alps. Another thought goes through our minds as we drive through the Ötztal, from one broad valley floor to the next, always taking a narrow gorge that leads us up to the next level: the mountains are an uncanny place. It is precisely their forbidding ruggedness that makes you want to get close

HOTEL / RESTAURANT

GASTHOF SCHÖNAU
TIMMELSJOCHSTRASSE 27
39013 MOOS IN PASSEIER
TIMMELSJOCH
WWW. SCHOENAU-TIMMELSJOCH.IT

die ein Stockwerk weiter hinaufführt: Die Berge sind ein sonderbarer Ort – gerade ihre abweisende Schroffheit sorgt dafür, dass man ihnen nahe kommen möchte. Hinein in die Täler und dann hoch hinauf. Ob wohl auch schon „Ötzi“ dieses Gefühl hatte? Dass die wilden, steilen, anstrengenden und manchmal sogar lebensgefährlichen Berge ein Sehnsuchtsort sein können, an dem man sich auf kaum erklärbare Weise zu Hause fühlt? Oder eben eine immer wiederkehrende Herausforderung findet, neugierig auf das nächste Tal und die Welten dahinter.

Am Ende des Ötztals liegen die Häuser von Zwieselstein, und kaum hat man die hinter sich gelassen, macht sich die Landesstraße B186 auf der linken Talseite auf und davon. Kurvt in drei entschlossenen Kehren die Bergseite hinauf, zwängt sich ins enge Tal hinein, das nach Hochgurgl führt. Nach dem verheerenden Brand von 2021 ist das TOP Mountain Motorcycle Museum an der Timmelsjoch-Mautstation wieder reinstalliert, neu und umwerfend schön schallt es mit seiner großzügigen Architektur und der umlaufenden Holzfassade kernige alpine Energie in die Täler. Drinnen fragen sich selbst eingefleischte Motorrad-Verächter, ob sie im Leben nicht etwas grundlegend falsch gemacht haben und stolpern mit offenem Mund zwischen den Exponaten umher. Motorräder sind eben die Schnittstelle von puristischer Technologie und auf die reine Essenz kondensierter Fahrfreude, wen das hier oben nicht packt, der ist auch sonst ein grober Klotz.

Zwanzig Euro gehen nun in die Kasse der Timmelsjoch-Mautstation und danach surfst du weiter bergauf. Schafe weiden in den mit Geröll bedeckten Rampen der ringsum zur Straße hin abfallenden Bergketten, grün und kalkbraun und porphyr-rot leuchtet diese Welt oberhalb der Baumgrenze. Die Straße scheint gefühlt endlos immer höher zu steigen, in einen blauen Himmel hinein, zusammen mit diesen drohenden Bergketten. Ganz am Ende kapitulieren die grantigen Felsmassive des Wurmkogel und der Schermerspitze dann aber doch und lassen das raue Asphaltband nach ein paar letzten Serpentinenschwüngen übers Joch an der Grenze zwischen Österreich und Italien

to them, pushing into the valleys and then climbing upward. Did “Ötzi” also experience this feeling? Was he aware that the wild, steep, exhausting, and sometimes even life-threatening mountains can be a place you long for, where you feel at home in some almost inexplicable way? Or did he simply find them a recurring challenge, exciting his curiosity about the next valley and what might lie beyond?

The village of Zwieselstein lies at the end of the Ötztal Valley, and no sooner have you left it behind than the B186 national road heads off on the left side of the valley. It winds up the mountainside in three sharp hairpin bends, squeezing into the narrow valley that leads to Hochgurgl. The TOP Mountain Motorcycle Museum at the Timmelsjoch toll station has been reinstated after a devastating fire of 2021. New and stunningly beautiful, its spacious architecture and wraparound wooden facade exude robust alpine energy deep into the valleys. Inside, even the most die-hard enemies of the motorcycle will wonder if they have made a fundamental error in life as they stumble around the exhibits with their mouths agape. Motorcycles are the point where purist technology and the absolute essence of driving pleasure meet. If that fact doesn’t grab you up here, then you’re undoubtedly a tough cookie.

We pay the twenty-euro toll at the Timmelsjoch toll station and then continue surfing uphill. Sheep graze on the screen-covered slopes of the mountain ranges that drop down to the road on all sides. This world above the tree line glows in greens, chalky browns, and porphyry red. The road seems to climb endlessly ever higher, into a blue sky, alongside these overbearing mountain ranges. At the very end, however, the curmudgeonly rock formations of the Wurmkogel and the Schermerspitze finally give way, allowing the ribbon of rough asphalt to squeeze past after a few final switchbacks over the pass on the border between Austria and Italy.

Naturally, we’re curious to take a look inside the rust-brown body of the Timmelsjoch Experience Museum, which here rises up next to the road like a cross between

2 km

hindurch. Klar, dass man auch einen Blick in den rostbraunen Korpus des Timmelsjoch Experience Museum wirft, der hier wie eine Mischung aus überdimensionalem Zelt-Biwak und stählerner Kristallstruktur neben der Straße aufragt. Du wirst kaum den Berg in Richtung Passeiertal hinunterfahren wollen, ohne zu wissen, was „dieses seltsame Ding" ist. Die Gefahr, dass du auf den Kehren bei Belprato oder vor Moos in Passeier umdrehst, um doch noch oben wenigstens durch die Glasscheibe ins Innere des gigantischen Korpus zu spähen, ist hoch. Also besser gleich stoppen und schauen. Unten umdrehen und zurückfahren, weil das Timmelsjoch auch auf der Südtiroler Seite erstklassig läuft und locker eine Zweitbefahrung verträgt, kannst du ja trotzdem.

Der tiefste Punkt dieser Etappe ist in St. Leonhard in Passeier erreicht, am Kreisverkehr an der Ortseinfahrt. Der funktioniert wie eine Art Zentrifuge, befördert alle, die nach mediterranem Wohlgefühl suchen, in Richtung Meran und damit zum Wein, zur Speckknödelsuppe, Gulasch an Polenta oder deftigem Speck auf dem Jausen-Brettl. Die sonnendurchfluteten Täler Südtirols üben eine magische Anziehungskraft aus, das Leben scheint dort leicht und sinnlich, üppig und freundlich – und über allem ragen die harschen, brachialen Zinnen und Felsstöcke der Dolomiten auf.

Uns wirbelt die Straßen-Zentrifuge aber nach Norden. Zum Jaufenpass, oder Passo Giovo, wie man ihn auf Italienisch nennt. Weit unten schwitzt die oberitalienische Po-Ebene, die mit Wärme aufgeladene Luft schwallt durch die Alpentäler nach Norden, über den Gardasee hinweg, bis Bozen, dann nach Meran. Erst in St. Leonhard endet dieser sommerliche Luftmassen-Transport, versickert langsam an den Sockeln der alpinen Eisriesen. Genau hier geht also der Jaufenpass los, und wenn man seine ersten Kilometer unter die Räder nimmt, kann es gut sein, dass man von Sonne und milder Luft begleitet wird. Selbstbewusst gewinnt die Straße im Bergwald über St. Leonhard Höhe, kurvt in beinahe symmetrischen Rampen hin und her, schippert dann zwischen lieblichen Almen bis zum Fuß der Jaufenspitze und nimmt dann die letzten Höhenmeter in Angriff: schlingt sich der Baumgrenze

an oversized bivouac tent and a crystalline steel structure. It's almost impossible to drive down the mountain towards the Passeier Valley without finding out what "this strange thing" is. The temptation to risk turning around on the hairpin bends near Belprato or before Moos in Passeier, just to take peek through the window into the interior of the gigantic hulk, is enormous. Hence, it's better to stop right away and take a look. We turn around at the bottom and drive back, because the Timmelsjoch also offers an excellent experience on the South Tyrolean side and is easily worth driving a second time.

The lowest point of this stage is reached in St. Leonhard in Passeier, specifically at the roundabout at the entrance to the town. This works like a kind of centrifuge, transporting all those seeking Mediterranean well-being toward Merano and thus to wine, dumpling soup, goulash with polenta, or a hearty bacon platter. The sun-drenched valleys of South Tyrol exert a magical attraction; life there seems light and sensual, luxuriant, and friendly with the harsh, brutal peaks and crags of the Dolomites towering above it all.

However, in our case, the road's centrifugal force whisks us to the north, toward the Jaufen Pass, or Passo Giovo as it's known in Italian. Far below, northern Italy's Po Valley sweats in the sun. The heat-charged thermals surge northward through the Alpine valleys, across Lake Garda, to Bolzano, then on to Merano. This mass flow of summer air only ends in St. Leonhard, slowly seeping into the bases of the Alpine ice giants. This is precisely where the Jaufen Pass begins, and, as you travel the first few kilometers, you might well find yourself accompanied by sunshine and mild air. The road climbs resolutely through the mountain forest above St. Leonhard, curves back and forth in almost symmetrical ramps, then cruises between lovely alpine pastures to the foot of the Jaufenspitze itself, before tackling the last few meters of elevation, winding its way toward the tree line, then suddenly breaking into the open. Below, a valley floor remains, its slopes covered as if in a thick coat of mountain forest. Up here, the road now feels its way close to

HOTEL / RESTAURANT

STEINDL'S BOUTIQUE HOTEL
PARKWEG 2
39049 STERZING, ITALIEN
WWW.HOTELSTEINDL.IT

HAUS AM TURM
NEUSTADT 4
39049 STERZING, ITALIEN
WWW.HAUSAMTURM.IT

PRETZHOF
FRAKTION TULFER, 259
39049 WIESEN, ITALIEN
WWW.PRETZHOF.COM

entgegen, kommt dann plötzlich ins Freie. Unter dir bleibt ein Talboden zurück, dessen Hänge wie mit einem dichten Pelz aus Bergwald bedeckt sind. Hier oben tastet sich die Straße nun dicht unterhalb der Gebirgskuppen voran, schneidet sich ihre Passage in die Flanke des Bergs und dann hat sie es geschafft: Fast beiläufig schwingt sie an der tiefsten Stelle des Passes durch eine enge Passage und dahinter öffnet sich nun das weite Bergpanorama bis hinunter nach Sterzing. Selbst das Tal zum Brennerpass ist von hier oben zu sehen, das letzte Hindernis auf dem Weg ins Inn-Tal. Entspanntes Hinunterrollen ist nun angesagt, der Jaufenpass ist kein Krieger, sondern ein freundlicher Wegbegleiter. Panoramablick rundum, üppiger Bergwald weiter unten, dann das weite Tal. Bläulicher Dunst in der Ferne, mächtige Gebirgskämme bis zum Horizont – ein majestätischer Anblick, absolutes Fototapeten-Material.

Die Autobahn nach Brixen, Bozen, Verona, Bologna oder Venedig rauscht hier heran, und die Versuchung, sich für ein paar Kilometer in diesen Strom zu werfen, ist groß. Bis kurz vor Brixen lassen wir uns treiben, schwingen dann hinein ins Pustertal, das ein paar Kilometer weiter südlich gelegen in Richtung Osten führt. Lieblich und grün, ruhig und mild ist es hier, die Bergriesen der Dolomiten im Süden und der Zillertaler Alpen im Norden sind auf Distanz gegangen. Unten in den Tälern rauschen eisblaue Flüsse zwischen bewaldeten Steilhängen, dann kommen Almen und Matten in sonniger Aussichtslage, die darüber anschließenden Kuppen reichen selten über die Baumgrenze hinaus. Bis hinter Bruneck geht das so, die Route verläuft fahrerisch eher anspruchslos, aber gefühlvoll, entspannt und sinnlich. Wer im Cabrio unterwegs ist, hat jetzt Zeit für Dolce Vita, darf sich bei Cruising-Tempo ein Alpen-Idyll in die Nüstern saugen, während zur Rechten Brunecks Hausberg, der Kronplatz, langsam vorüberzieht.

Bei Olang geht es dann nach Norden, ins Antholzer Tal hinein, und nun wird es langsam Zeit, die Sitzlehne wieder aufrechter zu stellen, die Reflexe vom Bummel-Modus auf Kurvensuche umzustellen. Selbst die Straße hat genug vom schwelgerischen Wellness-Bereich, wird schmal und schmaler, zieht nervös vorgespannt dem Ende des Tals entgegen, während sich von dort kantige Felszinnen in den Blick schieben. Im türkisgrün leuchtenden Antholzer See spiegeln sich die weißen Gipfel der Riesenferner-gruppe, an seinem Ende beginnt das Leben wieder spannend zu werden – etwas Geduld ist aber Voraussetzung. Die Strecke hinauf zum Staller Sattel kann nämlich nur einspurig befahren werden. Damit der Pass zwischen Südtirol und Österreich aber in beide Richtungen funktioniert, regeln Ampeln den Verkehr. 15 Minuten lang ist die Straße pro Stunde geöffnet, die restliche Dreiviertelstunde gehört dem Gegenverkehr. Und da stehen wir nun also. Biker-Pulks, Langstrecken-Reisende, Fahrfreude-Sucher. Windgesichter und Landschaftsfotografen, vereint in ge-

the mountain peaks, cutting into the mountainside, and then the hard work is done: almost casually, it swings through a narrow passage at the lowest point of the pass, and beyond it, a vast mountain panorama opens up all the way down to Sterzing. From up here you can even see the valley that leads to the Brenner Pass, the last obstacle on the way to the Inn Valley. A relaxed descent is now in order; the Jaufen Pass is more like a friendly companion than a fierce competitor. You find yourself surrounded by panoramic views, with lush mountain forests further below, followed by the broad valley floor. There is a bluish haze in the distance, mighty mountain ridges stretching to the horizon – a majestic sight. This is the perfect material for your desktop wallpaper.

The motorway to Brixen, Bolzano, Verona, Bologna, or Venice rushes past here, and it is hugely tempting to plunge into its current for a few kilometers at least. We take things easy until just before Brixen, then swing into the Pustertal Valley, which runs east a few kilometers further south. Conditions are lovely and green, quiet, and mild here; the gigantic mountains of the Dolomites to the south and the Zillertal Alps to the north have moved out of sight. Down in the valleys, ice-blue rivers rush between steep, wooded slopes; followed by alpine pastures and meadows with sunny panoramic vistas, the peaks above rarely rising above the tree line. Things continue like this until beyond Bruneck. Although the route is rather undemanding, it is soulful, relaxed, and sensual. If you're traveling in a convertible, now is the time to enjoy the dolce vita, savoring the Alpine idyll at cruising speed, while Bruneck's local mountain, the Kronplatz, sails past slowly on the right. The route heads north into the Antholz Valley at Olang, and the time eventually arrives to put the seat back in an upright position and switch your reflexes from leisurely cruising to exuberant curves. Apparently fed up with gentle conditions, the road becomes increasingly narrow, straining anxiously toward the end of the valley, where jagged rocky peaks loom into view. The white peaks of the Riesenferner mountain range are reflected in the turquoise-green waters of Lake Antholz. At the far end, life begins to get exciting again – although a little patience is required.

The route up to the Staller Sattel Pass actually consists of only one-lane. Traffic lights are used to regulate the flow, ensuring that the pass between South Tyrol and Austria functions in both directions. The road is open for 15 minutes per hour, and the remaining 45 minutes are reserved for oncoming traffic. And so here we wait: biker groups, long-distance travelers, thrill-seekers, wind-browned faces, and landscape photographers, all united in a patient stare at the glowing red signal. People chat quietly, enjoy the dense coniferous forest all around, or go over what lies ahead and what lies behind. – This is the last time that we

HOTEL / RESTAURANT

HOTEL ANSITZ HEUFLER
BY NORBERT NIEDERKOFLER
VIA VALLE D'ANTERSELVA 24
39030 RASUN-ANTERSELVA
ITALIEN
WWW.ANSITZHEUFLER.COM

duldigem Starren aufs rot leuchtende Signal. Man unterhält sich leise, genießt den dichten Nadelwald ringsum oder rekapituliert das Dahinter und das Voraus. - Das schöne, kernige und sonnendurchflutete Südtirol sehen wir auf dieser Reise zum letzten Mal, auf der anderen Bergseite wartet Osttirol und hinter dem Tauerngebirge geht es bereits ins österreichische Bundesland Salzburg. Drei Sphären innerhalb von nur 100 Kilometern Fahrstrecke ... Und dann schaltet die Ampel auf Grün. Die Straße tastet sich als schmales Band den Berg hinauf, als sei sie ins Unterholz eingewachsen oder ein Teil der Felsen. Lärchen und Kiefern wandern mit hinauf, Heidekraut und Farn, Heidelbeeren und anderes Gesträuch ist ebenfalls dabei. - Erst oben am Sattel geht die Welt wieder auf, erwacht aus einem kleinen, stillen Wandervogel-Traum. Guten Tag, Österreich. Auf einem Fahrrad würde man jetzt die Wasserflasche aus dem Rahmenhalter ziehen, die Körperzellen fluten und warten, bis die Haut nicht mehr vom Schweiß fröstelt. Dann eine Zeitung unters T-Shirt schieben oder den Reißverschluss der Windbreaker-Jacke bis ans Kinn ziehen und so hart wie möglich in die Pedale treten. Anlauf bergab nehmen, während die Straße vom Sattel herunterkippt, immer steiler, bis sie als lange, kurvige Rampe ins Tal schießt. Ducken. Ohren anlegen. Laufen lassen. - Ein paar Kehren weiter unten bremsen die Schussfahrt, halten sie aber nicht gänzlich auf.

Was dann unten im Tal kommt, dürfte mit dem Ausdruck „Verbindungsetappe" fair beschrieben sein. Freunde des gemächlichen Fahrens und Kurvenverächter atmen jetzt tief und erleichtert durch, die Zeit für tiefe Gespräche, nachdenkliches Schweigen, Hörbücher oder Magen-Erholung ist da. Raus aus dem Defereggen-Tal, hinein ins Tauerntal. Selbst die am Talende liegenden Kehren zum Eingang des Felbertauerntunnel dürften G-Kraft-Fanatiker nicht aus dem Standby holen und die über 5 Kilometer lange Röhre unter dem 2.922 Meter hohen Hochgasser hindurch erst recht nicht. - Wir sind einverstanden. Haben längst unseren Frieden mit dieser Reise-Variante gemacht und rollen tiefenentspannt an Mittersill und Kaprun vorbei zum Etappenziel in Zell am See. Gehen früh schlafen, denn morgen gibt es am Lenkrad etwas zu tun.

see beautiful, robust, and sun-drenched South Tyrol on this journey. On the other side of the mountain, East Tyrol awaits, and beyond the Tauern Mountains, we enter the Austrian province of Salzburg. Three quite different environments within just 100 kilometers...

Finally, the traffic light turns green. The road winds its way up the mountain in a narrow ribbon, as if it were growing from the undergrowth or part of the rocks. Larches and pines accompany us on our journey, along with heather and ferns, blueberries, and other shrubs. Only at the top of the pass does the world open up again, awakening from a modest reverie.

Good morning, Austria. If you were on a bicycle, you'd get out your water bottle, rehydrate your body's cells, and wait until your skin stops shivering with sweat. Then you'd tuck a newspaper under your T-shirt or zip up your windbreaker jacket to your chin and pedal as hard as possible. Take a running start downhill as the road tilts away from the pass, getting steeper and steeper until it shoots down into the valley in a long, winding descent. Duck. Pin back your ears and let go. A few hairpin bends further down slow the descent, but don't stop it entirely.

What follows down in the valley can be accurately described as a "connecting stage." Anyone who prefers leisurely driving or who hates curves can now breathe a sigh of relief; the time has come for deep conversations, contemplative silence, audiobooks, or a bite to eat. We leave the Defereggen Valley and enter the Tauern Valley. Even the hairpin bends at the end of the valley that lead to the entrance of the Felbertauern Tunnel are unlikely to rouse G-force fanatics from their torpor, and the more than 5-kilometer-long tunnel beneath the 2,922-meter-high Hochgasser certainly won't. We agree.

We've long since made our peace with this travel option and roll past Mittersill and Kaprun, deeply relaxed, to our destination in Zell am See. We're retiring to bed early because tomorrow there'll be work to do behind the wheel.

SÖLDEN ZELL AM SEE

Auf der zweiten Etappe fahren wir übers 2.474 Meter hoch gelegene Timmelsjoch aus Österreich hinaus und wechseln über die Grenze zu Italien nach Südtirol. Die Hochgebirgslandschaft der Ötztaler Alpen wechselt damit in eine Landschaft, die mit allen Flusstälern eine Verbindung zu den Ebenen Norditaliens sucht, das häufig milde Klima ist stark vom Mittelmeer beeinflusst. Auch wenn Südtirol politisch ehemals zum österreichisch und bayrisch beeinflussten Norden gehörte, Sprache und Küche daher untrennbare Verbindungen über die Alpen pflegen, hat sich das Italienische doch organisch festgesetzt. Die Gegenwart Südtirols besteht aus einer eigenwilligen und eigenständigen Mischung dieser Pole – man kann vermutlich sogar von einer spezifischen Kultur Südtirols sprechen, die in sich selbst eine Identität gefunden hat. – Wie ein riesiges Hufeisen liegen die Sarntaler Alpen hier oben, umgeben von den Tälern der Etsch und der Eisack. Im Norden bildet Sterzing das Tor zum Brennerpass, im Westen liegt Meran, im Osten blicken Brixen und Klausen auf die Zinnen der Dolomiten, den südlichsten Punkt bildet Bozen. Wir kommen aus den Ötztaler Alpen im Nordwesten, rollen über den Jaufenpass bis Sterzing und verlassen die Gegend dann nach Osten entlang der Rienz. Es geht vorbei an Bruneck, der fünftgrößten Stadt Südtirols, und dann übers Antholzer Tal zum Fuß der Hohen Tauern. Über den Staller Sattel geht es zurück nach Österreich und nach einer ruhigen Etappe in Osttirol landen wir über den Felbertauerntunnel wieder im Norden des Alpen-Hauptkamms, bei Zell am See.

—

On the second stage, we leave Austria via the 2,474-meter-high Timmelsjoch Pass and cross the border into Italy, entering South Tyrol. The high mountain landscape of the Ötztal Alps transitions into a landscape whose river valleys connect to the plains of northern Italy. The often mild climate is strongly influenced by the Mediterranean. Even though South Tyrol was politically part of the Austrian and Bavarian-influenced north, and its language and cuisine therefore maintain inextricable ties across the Alps, Italian has nevertheless become firmly established as the lingua franca. South Tyrol's present-day character is a unique and distinct blend of these opposite poles—you could even speak of a specific South Tyrolean culture that has found its own particular identity. The Sarntal Alps lie like a giant horseshoe up here, surrounded by the valleys of the Adige and Eisack rivers. In the north, Sterzing forms the gateway to the Brenner Pass, in the west lies Merano, in the east Brixen and Chiusa overlook the peaks of the Dolomites, and Bolzano is the southernmost point. We ross the Jaufen Pass to Sterzing, and then leave the area heading eastward along the Rienz River. We pass Bruneck, the fifth-largest city in South Tyrol, and then cross the Antholz Valley to the foot of the Hohe Tauern. We return to Austria via the Staller Sattel Pass, and after a quiet stage in East Tyrol, passing via the Felbertauern Tunnel, we end up back in the northern part of the main Alpine ridge, near Zell am See.

282 KM • 4,5 STD // 176 MILES • 4,5 HRS

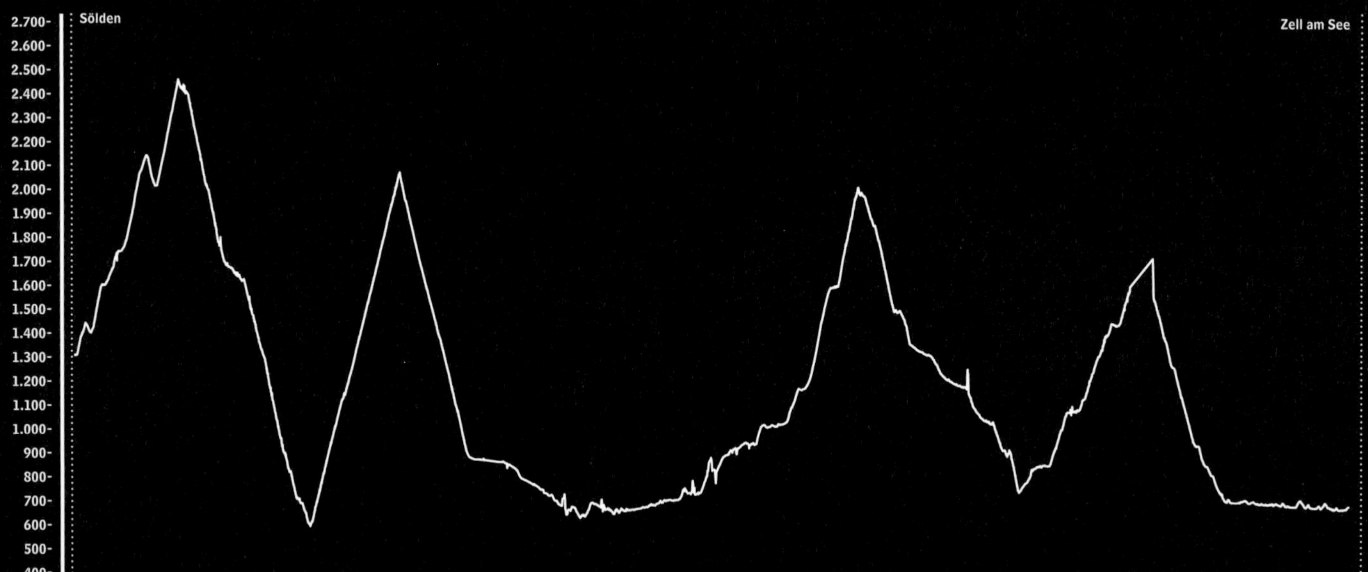

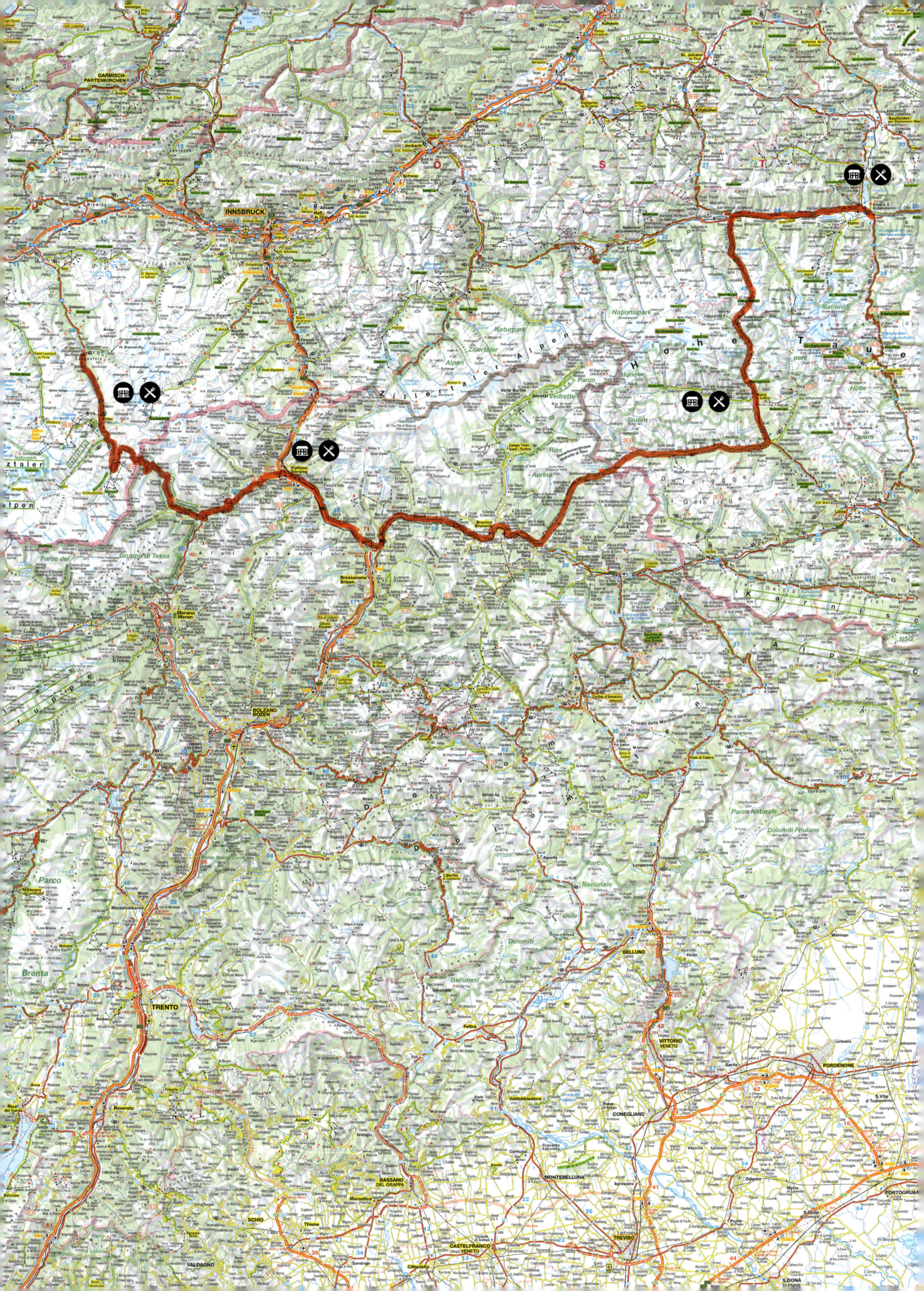
GARMISCH-PARTENKIRCHEN
INNSBRUCK
Kitzbühel
Jenbach
Zillertaler Alpen
Nationalpark
Hohe Tauern
Vipiteno Sterzing
Bressanone Brixen
Brunico
Merano Meran
BOLZANO BOZEN
Dolomiti
TRENTO
Rovereto
BELLUNO
Feltre
VITTORIO VENETO
CONEGLIANO
PORDENONE
BASSANO DEL GRAPPA
CASTELFRANCO VENETO
TREVISO
MONTEBELLUNA
SCHIO
Thiene
VALDAGNO
Parco Naturale
Dolomiti Friulane
Brenta
Gruppo di Tessa

ZELL AM SEE GMÜND IN KÄRNTEN

218 KM • 4 STD // 136 MILES • 4 HRS

Rund um Zell am See legen die Berge eine kleine Pause ein. Während die kahlen, brutalen Kalkstöcke des Steinernen Meers oben im Norden grausame Drohgebärden zeigen, unten im Süden die Dreitausender der Hohen Tauern ganze Wetterfronten als Geiseln nehmen und sie nur gegen Zahlung hoher Lösegelder Wolke für Wolke wieder laufen lassen, herrscht hier im Zeller Becken eine friedliche Stimmung:

—

The mountains disappear briefly around Zell am See. Peace reigns here in the Zell Basin, while up north the bare, brutal limestone massifs of the Steinernes Meer high karst plateau make fearful, threatening gestures, and down south, the three-thousand-meter peaks of the Hohe Tauern hold entire weather fronts hostage, only releasing them cloud-by-cloud in return for a hefty ransom.

Parkplatz
Fuschertörl 1
2407 m ü.d.M.

Salzburg D 120 km
Zell am See 38 km
Villach SLO I 137 km
Lienz I 59 km
Großglockner 21 km
Fuscher Lacke 2 km
Haus Alpine Naturschau 1,5 km
WC

HOTEL

HAIDVOGL MAVIDA
KIRCHENWEG 11
5700 ZELL AM SEE
ÖSTERREICH
WWW.MAVIDA.AT

An den Hängen der Schmittenhöhe treiben bunte Gleitschirme im Aufwind und auf dem Wasser des Zeller Sees schnappen Enten nach Brotkrumen, die ihnen gut gelaunte Rentner vom Bootsanleger zuwerfen, bevor sie mit einem der Ausflugskähne der Schmitten-Schifffahrt in See stechen.

Weshalb die Schieferberge der direkten Umgebung als „Pinzgauer Grasberge" bekannt sind, ist bereits auf den ersten Blick zu sehen: Weite Grasmatten und Almen ziehen sich zu bewaldeten Höhenzügen hinauf, die größtenteils diesseits der 2.000er-Höhenmarke bleiben. Im schattigen Bergwald schnaufen Wanderer in die herrlich sonnigen Aussichtslagen, freuen sich dabei die ganze Zeit aufs große Helle in der Gipfelhütte, auf knuspriges Erdäpfelgröstl oder saftige Kaspressknödel. Pinzgauer Kasnockn ziehen dort oben lange Käsefäden und lassen sich von gschmelzten Zwiebeln krönen – mit dieser Vision marschiert es sich gleich noch einmal so entschlossen. Mögen sich doch die Hochalpinisten in ihren Biwak-Hütten in den Felsscharten der Hochgebirge an ihren Proteinriegeln laben oder Tütensuppen auf Spiritus-Kochern rühren – das wahre Leben findet aber hier

On the slopes of the Schmittenhöhe, colorful paragliders drift in the updraft, and on the waters of Lake Zell, ducks snap at breadcrumbs thrown to them by happy pensioners from the jetty before they set sail on one of the Schmitten-Schifffahrt excursion cruisers.

It is obvious from the outset why the slate mountains in the immediate vicinity are known as the "Pinzgau Grass Mountains": vast grassy meadows and alpine pastures stretch up to forested ridges, most of which remain below the 2,000-meter mark. Hikers huff and puff their way through the shady mountain forest to catch the wonderfully sunny views, all the while looking forward to the bright light at the summit hut and the prospect of crispy rösti or juicy Pinzgauer Kasnockn cheese dumplings, the long strings of cheese crowned with caramelized onions. Just the thought of it puts a pep in your step. While high-altitude climbers feast on protein bars in their bivouacs jammed in the rocky clefts of the high mountains or cook up instant soup on primus stoves, real life goes on down here with the tasty platters and stews served by the staff in the mountain huts. Perhaps that's why

GROSSGLOCKNER
HOCHALPENSTRASSE

Kehre 6

EDELWEIßHÜTTE

unten sein Glück. Auf den Jausen-Brettln und in den Schmortöpfen der bewirtschafteten Berghütten. Vielleicht legen wir in Zell am See deshalb auch erst einmal die seit vielen Fahr-Kilometern fällige Wellness-Pause ein und schippern in den Gondeln der Schmittenhöhebahn oder der Sonnenalmbahn ganz bequem auf die Höhe. Von dort oben sieht man gut, wie Zell auf einer Landzunge im See liegt. Auf Gestein, das vom Berg heruntergeschwemmt wurde und nun den Untergrund der Stadt am See bildet. Nach Norden breitet sich flaches Schwemmland aus und auch am Südufer des Sees ziehen sich ehemalige Moose, Sümpfe und Feuchtwiesen bis zum Lauf der Salzach hin, die auf ihrem West-Ost-Kurs vorbeikommt. Hinter dem Stadtteil Schüttdorf ist der Flugplatz von Zell zu sehen, der im Winter immer wieder zum Schauplatz des FAT Ice Race wird. Einem schlitternden Fest für Autofans, Quertreiber und Menschen, die noch nicht den Kontakt zu ihrem inneren Hallodri verloren haben: Spikes aufziehen, dann mit kräftigem Gasüberschuss und wilden Driftwinkeln durch eine in den Schnee geschobene Gasse schlittern. Wer mag, darf sich noch einen verwegenen Vertrauten auf Skiern am Seil hintendran hängen und so zusätzliche Sympathiepunkte beim herrlich aufgekratzten Publikum sammeln.

Gar nicht so leicht, sich dieses schneeweiß glitzernde Festival dort unten vorzustellen, während das Tal gerade sattgrün ist. Eine andere Vision fällt uns deutlich leichter, zieht den Blick bis weit ins Tal dahinter: Bei Bruck zweigt das Fuscher Tal nach Süden ab, weg von der Salzach, und die Landstraße dort drüben ist unsere nächste Etappe: die Großglocknerstraße. Aber natürlich ist unser Ruhetag noch nicht vorbei, der Großglockner muss noch ein wenig warten. – Wir setzen uns lustvoll ächzend auf eine Panorama-Liege über dem Tal, überkreuzen die Arme hinterm Kopf, schlagen die Hosenbeine hoch und wollen gerade ins weiche Dahintreiben eines Power-Naps verschwinden, als sich jemand neben uns in die Sonne schiebt: „Na, schau ma moi, wie lang dös so bleibt," grantelt der Mitwanderer, deutet dabei mit einer verächtlichen Kinnbewegung missmutig in Richtung der vom wolkenlos blauen Himmel strahlenden Sonne. Anderswo würde man in so einer Situation wohl sagen: „Schönes Wetter heute!", aber zu den Dialekten Österreichs gehört eben ein fix eingebauter Sarkasmus.

Wissen wir zumindest theoretisch und nicken daher angemessen glückselig. Neben uns wickelt sich der Mitwanderer nun allerdings wortlos ein Paar Hirsch-Landjäger aus dem „Sacktuch", um sich die „hinter die Kulissn zu schiabn" – der Gesichtsausdruck des energisch kauenden Essers bleibt unterdessen kritisch. Und das macht uns nervös: Was, wenn der wirklich Insiderwissen von einem drohenden Wetterumschwung hat? Wir wollen es nicht darauf ankommen lassen. Die Konversation läuft sowieso

we take a well-earned wellness break in Zell am See after driving so far and decide on a comfortable cable car trip to the heights with the Schmittenhöhebahn or Sonnenalmbahn. From up on top, you can clearly see how Zell sits on a promontory in the lake, on rock that was washed down from the mountain and now forms the substrate for the town. Flat alluvial plains stretch to the north, and along the southern shore, former bogs, heaths, swamps, and wet meadows extend all the way to the Salzach River, which flows past on its west-to-east course. Beyond the Schüttdorf district, you can see Zell's airfield, regularly used in winter as the venue for the FAT Ice Race. This is a skating festival for car enthusiasts, thrill seekers, and people who haven't yet lost touch with their inner child: put on your studded tires and glide with plenty of throttle and wild drift angles through lanes formed in the snow. If you like, you can even pull an intrepid skier behind you on a rope, gaining even greater admiration from an audience already driven wild with excitement.

It's not easy to imagine this snow-white, glittering festival going on when the valley is currently glowing a lush green. Another vision is much easier for us to picture, drawing our gaze far into the valley beyond: near Bruck, the Fusch Valley branches off to the south, away from the Salzach, and that national route will form the next stage of our trip: the Grossglockner Road. But of course, our rest day isn't over yet, so the Grossglockner will have to wait a little longer. Emitting a loud groan, we seat ourselves on a sun lounger with panoramic views of the valley, place our hands behind our heads, roll up our trouser legs, and are just about to drift off into a power nap when someone slides into the spot next to us: "Let's see how long this lasts," grumbles our fellow hiker, pointing a contemptuous chin in the direction of the sun shining brightly in the cloudless blue sky. Elsewhere, when facing a situation like this, a person would probably say, "Lovely weather we're having!", but Austrian dialects have a built-in sarcastic tone. We are aware of this in theory at least, so we happily nod as an appropriate response. Next to us, however, our companion wordlessly produces a pair of Hirsch-Landjäger sausages from his knapsack, intent on stuffing his face. Meanwhile, the expression on his energetically chewing face remains critical. Inevitably that makes us uneasy: what if he really has insider knowledge of an impending change in the weather?

We decide not to risk it. The conversation is not exactly scintillating anyway, so we leave the bench saving as much face as possible with a noncommittal nod that can mean just about anything. Just before climbing aboard the cable car, the penny finally drops: Damn, I've got it wrong again. The poor guy is probably wondering what he did to offend us, or why we're such "dumb-dumbs". Navigating personal interactions with the Austrians

Alpenvereinshaus
Alpincenter
Glocknerhaus
Restaurant

RESTAURANT

GASTHOF PRUNNER
HAUPTPL. 15
9853 GMÜND IN KÄRNTEN
ÖSTERREICH
WWW.PRUNNER-GMUEND.AT

eher schleppend, wir verlassen daher die Bank möglichst gesichtswahrend mit einem unverbindlichen Kann-alles-oder-nichts-bedeuten-Kopfnicken. Kurz vor der Bergbahn fällt der Groschen: Mist, schon wieder drauf reingefallen. Der arme Kerl überlegt sich gerade wohl, was er uns angetan hat oder weshalb wir so „gscherte Funzn" sind. Gar nicht so leicht, die zwischenmenschliche Navigation mit den Österreichern: Unten in Tirol duzen sie dich zuerst und stellen sich dann aber in sonderbar formeller Familienname-Vorname-Reihenfolge vor („Steinbichler-Stefan-Griaß-Di"), drüben im Wiener Osten „haben" sie derweil dauernd süßlich schmalzend „die Ehre". Und meinen damit erfahrungsgemäß eher eine unerwartete Überraschung, einen pikanten Zwischenfall oder plötzliche Entrüstung. Auf der dicht gedrängten Herrentoilette geht dir versehentlich ein Tröpferl auf den Schuh des Herrn daneben? – Na, habe die Ehre! Fahren ist die beste Medizin für so blamable Niederlagen, und deshalb geht es jetzt weiter. Auf der B 107 nach Süden, im schwingenden Engtanz mit der Fuscher Ache. Die stolpert als verträumter Gebirgsbach über dicke Steine nach Norden, vermutlich wird sie während der Schneeschmelze im Frühjahr donnernd daherrauschen, aber von solchen Urkräften ist gerade kaum etwas zu spüren. Zwar deuten immer wieder einmal kahle, bleiche Baumstämme mit zersplitterten Aststümpfen oder quer liegende Wurzelteller auf diese Hochwasser-Tage hin, heute sind aber nur glitzernde Sonnenstrahlen auf dem Wasser zu beobachten, munteres Rauschen, zuckende Libellen über den sprudelnden Wirbeln und kleine Forellen, die sich mit kräftigem Flossenschlag in der Strömung halten.

Das Tal ist lang, beinahe 15 Kilometer dauert es, bis wir die Mautstation zur Großglockner-Hochalpenstraße bei Ferleiten erreicht haben. Und dann geht es so richtig los: Die Straße prescht mit gewaltigem Tempo bergaufwärts, zieht sportive Schwünge und kernige Sprint-Geraden in den Talhang. Dann geht es an der Piffalm über einen Satz strenge Serpentinen weiter hinauf bis ans Piffkar, den ersten Pausenplatz. Etwas später, am Aussichtspunkt Hochmais prä-

isn't all that easy: down in Tyrol, they first address you in familiar tones, but then introduce themselves in a strangely formal way: surname first, then Christian name ("Steinbichler-Stefan-How-You-Doing?"). Meanwhile, over to the east in Vienna, they constantly remind you what an honor it is to meet you. In our experience, that usually means an unexpected surprise, an uncomfortable incident, or a moment of sudden indignation. What if you accidentally sprinkle another gentleman's shoes in a crowded men's room? – Well, the honor's all mine!

Driving is the best medicine for such embarrassments, so we continue on our way. We head south on the B 107, in a swaying, close dance with the River Fuscher Ache. The water tumbles northward over large stones as a sleepy mountain stream. It will probably increase to a thundering torrent during the spring snowmelt, but there's hardly any sign of such primal forces at the moment. Bare, pale tree trunks with splintered stumps or knotted roots are occasional reminders of past flooding, but today all that can be seen is glittering dappled sunlight on the water, twitching dragonflies above the bubbling eddies, and small trout, holding their position in the current with their powerful fins.

The valley is long and it takes almost 15 kilometers before we reach the toll station for the Grossglockner High Alpine Road near Ferleiten. And then things really get going: the road careers uphill at a tremendous pace, performing sporty twists, followed by powerful sprints into the valley. Then, at the Piffalm, it continues up a series of steep switchbacks to the Piffkar, our first rest stop. A little later, at the Hochmais lookout point, the surrounding mountains show themselves for the first time without any tree cover, towering majestically and sporting their snowy caps on the opposite side of the valley. Our tires are now warmed up to offer plenty of grip, and, because the elegantly carved route could potentially lead to mishaps, a small sign states the rules clearly before we continue: cruise, don't race! Of course. Agreed. Even if it's hard to resist. Or maybe it's not that difficult after all: if you drive mindfully and with feeling, you'll soon discover that the Grossglockner

MALTA HOCHALMSTRASSE

sentieren sich die Bergriesen der Umgebung zum ersten Mal ganz ohne Baum-Sichtschutz, kernig und mit Schneekronen protzend ragen sie auf der gegenüberliegenden Talseite auf. – Die Reifen sind nun für satten Grip warmgefahren und weil es auf der elegant geschnittenen Strecke zu potenziellen Missverständnissen kommen könnte, macht ein kleines Schild vor der Weiterfahrt die Spielregeln klar: Cruisen statt rasen!

Klar. Einverstanden. Auch wenn es schwerfällt. Oder vielleicht gar nicht so sehr: Wer aufmerksam und mit Gefühl fährt, entdeckt schnell, dass man sich den Großglockner eher durch perfekten Flow erschließt als mit der Brechstange. Also gelassen die langgezogenen Rampen hinaufsegeln, auf denen man wegen der mittlerweile zurückbleibenden Baumgrenze immer wieder mit kleinen Höhenangst-Schwindelmomenten zu tun hat. Dann die Kehren mit elegantem Verve nehmen und bei alledem immer ein Auge auf den Gegenverkehr und die Mitreisenden haben. Wer will sich schon oben am Gipfel von einer „Keifn“ einen „gschissenen Wappler“ oder „deppaten Grindschlapen“ nennen lassen? – Eben. Niemand.

Stattdessen flauscht man lieber die letzten Kehren zum Fuscher-Törl-Parkplatz unterhalb der Edelweißspitze hinauf, nimmt natürlich auch noch die Kopfsteinpflaster-Ehrenrunde bis ganz oben – und lässt sich dann in die Straßenschleife zum Seidlwinkl sacken. Denn die Großglockner-Show ist ja beileibe noch nicht aus, ein paar Meter weiter unten geht es an der Fuscher Lacke direkt weiter: Hier haben Ferdi Porsche und das FAT-International-Team das Bergrestaurant „Mankei“ (Murmeltier) gekapert und betreiben es während der Sommermonate als Motoristen-Treffpunkt und Event-Hotspot. Auf 2.200 Metern. Na, schau ma moi, wie lang dös so bleibt. Hernach geht es durch den Mitteltörl-Tunnel mit Gebrüll, es folgt das Hochtor mitsamt der Großglockner-Passhöhe auf 2.504 Metern ü.M. und wenn man das Wallackhaus auf mittlerweile 2.300 Metern erreicht hat, liegt auch die Grenze vom Bundesland Salzburg nach Kärnten hinter einem. Nicht aber der Großglockner. Denn die Straße nimmt sich noch einmal über 10 prächtige Kilometer, um mit

Wer aufmerksam und mit Gefühl fährt, entdeckt schnell, dass man sich den Großglockner eher durch perfekten Flow erschließt als mit der Brechstange. Also gelassen die langgezogenen Rampen hinaufsegeln, auf denen man wegen der mittlerweile zurückbleibenden Baumgrenze immer wieder mit kleinen Höhenangst-Schwindelmomenten zu tun hat. Dann die Kehren mit elegantem Verve nehmen und bei alledem immer ein Auge auf den Gegenverkehr und die Mitreisenden haben. Wer will sich schon oben am Gipfel von einer „Keifn“ einen „gschissenen Wappler“ oder „deppaten Grindschlapen“ nennen lassen? – Eben. Niemand.

If you drive mindfully and with feeling, you'll soon discover that the Grossglockner is easier to negotiate with perfect flow than by force. So, relax as you sail up the long ramps. As the tree line recedes, you'll repeatedly experience dizzying moments of vertigo. So, take the switchbacks with elegant verve, always keeping an eye on oncoming traffic and fellow road users. Who wants to be on the receiving end of salty Austrian abuse up at the summit? – That's right. Nobody.

is easier to negotiate with perfect flow than by force. So, relax as you sail up the long ramps. As the tree line recedes, you'll repeatedly experience dizzying moments of vertigo. So, take the switchbacks with elegant verve, always keeping an eye on oncoming traffic and fellow road users. Who wants to be on the receiving end of salty Austrian abuse up at the summit? – That's right. Nobody.

Instead, the better option is to chase up the final hairpin bends to the Fuscher-Törl parking lot below the Edelweissspitze, taking the cobblestone victory lap all the way to the top, then diving into the looping road to Seidlwinkl. Because the Grossglockner show is far from over; a few meters further down, the trail continues directly at the water's edge at Fuscher Lacke: here, Ferdi Porsche and the FAT International team hijacked the "Mankei" (Marmot) mountain restaurant, running it as a motorists' meeting place and event hotspot during the summer months. At an altitude of 2,200 meters. It will be interesting to see how long that lasts. Then, we roar through the Mitteltörl Tunnel, followed by the Hochtor and the Grossglockner Pass at 2,504 meters

HOTELS

BERGHOTEL MALTA
BRANDSTATT 36
KÖLNBREINSPERRE
9854 MALTA
ÖSTERREICH
WWW.BERGHOTELMALTA.AT

allem Humpa-Täterä, Kurven-Feuerwerk und „leiwandem" Cinemascope-Panorama bis zur südlichen Mautstelle bei Heiligenblut hinunterzugleiten. Erst dann ist aus. Wenn die Straße sagt, s'ist aus, ist's aus. Und jetzt sagt sie: S'ist aus. Weil sie nämlich müde ist und die Strecke über Winklern ins Mölltal und weiter bis zur Drau bei Lurnfeld daher in einem ziemlichen Bummeltempo herreitet. Bis zum Millstätter See, bei Spittal an der Drau schafft sie es so, dann hat die Straße genug und übergibt uns freiwillig an die aus Süden daherrauschende Autobahn A10.

Aus Villach kommt die, will als Tauernautobahn quer durch die Berge bis hinauf nach Salzburg und an die deutsche Grenze – wir surfen sie für ein kurzes Stück bis Gmünd und checken dann aus. Schluss. Aus. Fertig für heute? – Nicht ganz. Wenn wir sagen: Fertig ist's, ist's fertig. Wer wären wir denn, wenn es uns in Gmünd nicht noch auf die Malta-Hochalm-Straße reißen würde. Morgen geht es auf der letzten Reise-Etappe hinunter ans Mittelmeer, da geht es mit Tunnelblick und hochkonzentriert voran. Die Chance auf einen Besuch an den Malta-Speicherseen hinten im Tal ist dann vertan, also werden jetzt noch die knapp 30 Kilometer bis zum Galgenbichlspeicher und der danach gesetzten Kölnbreinsperre gemacht. Zum mentalen Runterkommen und kontemplativen Reifen-Kühlfahren.

Schön, ist es da oben, im Rocky-Mountain-mäßigen Ambiente des schmal eingeschnittenen Tals, mit den kahlen, glänzenden Felsplatten, dem struppig-schütteren Lärchen-Bergwald, den garstigen Steinwänden an der Straße und vor allem den vielen Wasserfällen, die sich teilweise ganz zutraulich bis dicht an die Straße herantrauen. Oder andersherum. Oben kann man dann zu Fuß übers perfekte Halbrund der Kölnbrein-Staudammkrone gehen, sich entweder am Bungee-Seil hinunter stürzen oder auf der anderen Seite gruselnd ins graugrüne Wasser starren, das da megatonnenschwer versucht, einen Ausweg ins Tal zu pressen. Runter nach Gmünd. Aber nur wir dürfen die Talfahrt einfach so antreten, das Speicherwasser muss vorher noch ein paar Gigawatt-Strom abwerfen. Erst dann ist es wieder frei.

above sea level. When you finally reach the Wallackhaus at 2,300 meters, you will have crossed the border from the state of Salzburg to Carinthia. But the Grossglockner Pass is not done with you yet. The road continues for another 10 magnificent kilometers, gliding down with all guns blazing in a firework of curves, and "cool" Cinemascope panoramas as far as the southern toll booth at Heiligenblut. Finally exhausted, the road declares it's all over. The route via Winklern into the Mölltal Valley and on to the River Drau near Lurnfeld assumes a rather leisurely pace. It proceeds to Lake Millstatt, near Spittal an der Drau, but then the road has had enough and voluntarily hands us over to the A10 motorway rushing towards us from the south.

It comes from Villach, becoming the Tauern Autobahn, which cuts straight through the mountains up to Salzburg and the German border. We surf this highway for a short stretch to Gmünd and then turn off. That's it. Over. Done for today? Not quite. We say when it's done. Who would we be if we didn't find ourselves on the Malta-Hochalm-Strasse in Gmünd? Tomorrow, the final leg of the journey will take us down to the Mediterranean, where we'll be negotiating multiple tunnels with utmost concentration. This means missing the chance to visit the Malta reservoirs back in the valley, so we decide to take a detour of nearly 30 kilometers to the Galgenbichl reservoir and the Kölnbrein dam that follows it. A time to mentally unwind and cool our wheels. Things are beautiful up there, in the Rocky Mountain-like ambiance of the narrow, deep valley cleft, with its bare, gleaming slabs of rock, the scrubby, sparse larch forest, the harsh stone walls that line the route, and above all, the many waterfalls, some of which are quite close to the road. Or maybe it's the other way around. At the top, you can walk across the perfect semicircle of the Kölnbrein Dam, choosing either to hurl yourself down on a bungee cord or, on the other side, staring in horror into the megatons of gray-green water as it tries to force its way into the valley. We descend to Gmünd on our own because the reservoir water must first produce a several gigawatts of electricity before it is granted its freedom again.

ZELL AM SEE GMÜND IN KÄRNTEN

Zell am See liegt sozusagen an einer alpinen Kreuzung: Von West nach Ost zieht die Salzach, die Nord-Süd-Achse reicht von Saalfelden am Steinernen Meer bis zum Pass über die Großglockner-Hochalpenstraße. Aus München, Oberbayern oder Salzburg ist die Gegend gut zu erreichen, weshalb die Gemeinden im Zeller Becken und den angrenzenden Tälern beliebte Wintersport-Orte sind. Auf unserer Route von hier aus zieht es uns ebenfalls zu einer Slalomfahrt in die Berge, allerdings ganz ohne Schnee und Eis: Die mautpflichtige Großglockner-Hochalpenstraße führt uns übers Tauerngebirge zurück, das wir auf der vorherigen Etappe von Tirol herauf nach Norden überquert haben. Südlich der bis auf 2.500 Meter steigenden Passstraße landen wir aber nicht wieder in Tirol, sondern im österreichischen Bundesland Kärnten. Übers Tal der Drau und den Plöckenpass oder die Nassfeldstraße wäre hier Italien zu erreichen, wir fahren aber weiter nördlich im Mölltal nach Osten und gelangen so bei Spittal an der Drau zum Millstätter See. Von hier aus ist es nicht mehr weit ins etwas nördlicher gelegene Gmünd. Mit einer Fahrt über die Malta-Hochalm-Straße bis zum Kölnbreinspeicher am Fuß der Hohen Tauern runden wir die Etappe ab.

—

You could say that Zell am See is located at an Alpine crossroads: the Salzach River flows from west to east, and the north-south axis extends from Saalfelden on the high karst plateau of the Steinernes Meer to the High Alpine Road and the Grossglockner Pass. The area is easily accessible from Munich, Upper Bavaria, and Salzburg, making the Zell Basin and the surrounding valleys popular winter sports resorts. Our route from here takes us on a slalom ride into the mountains, but without any snow or ice: the tolled Grossglockner High Alpine Road takes us back over the Tauern Mountains, which we crossed northwards from Tyrol on the previous stage. South of the pass road, which climbs to 2,500 meters, we don't end up back in Tyrol, but in the Austrian province of Carinthia. If we journeyed via the Drava Valley and the Plöcken Pass or the Nassfeld Road, we could reach Italy from here, but we continue north through the Möll Valley, heading east to reach Lake Millstatt near Spittal an der Drau. From here, it's not far to Gmünd, which is located a little further north. We round off the stage with a drive along the Malta-Hochalm Road to the Kölnbrein Reservoir at the foot of the Hohe Tauern.

218 KM • 4 STD // 136 MILES • 4 HRS

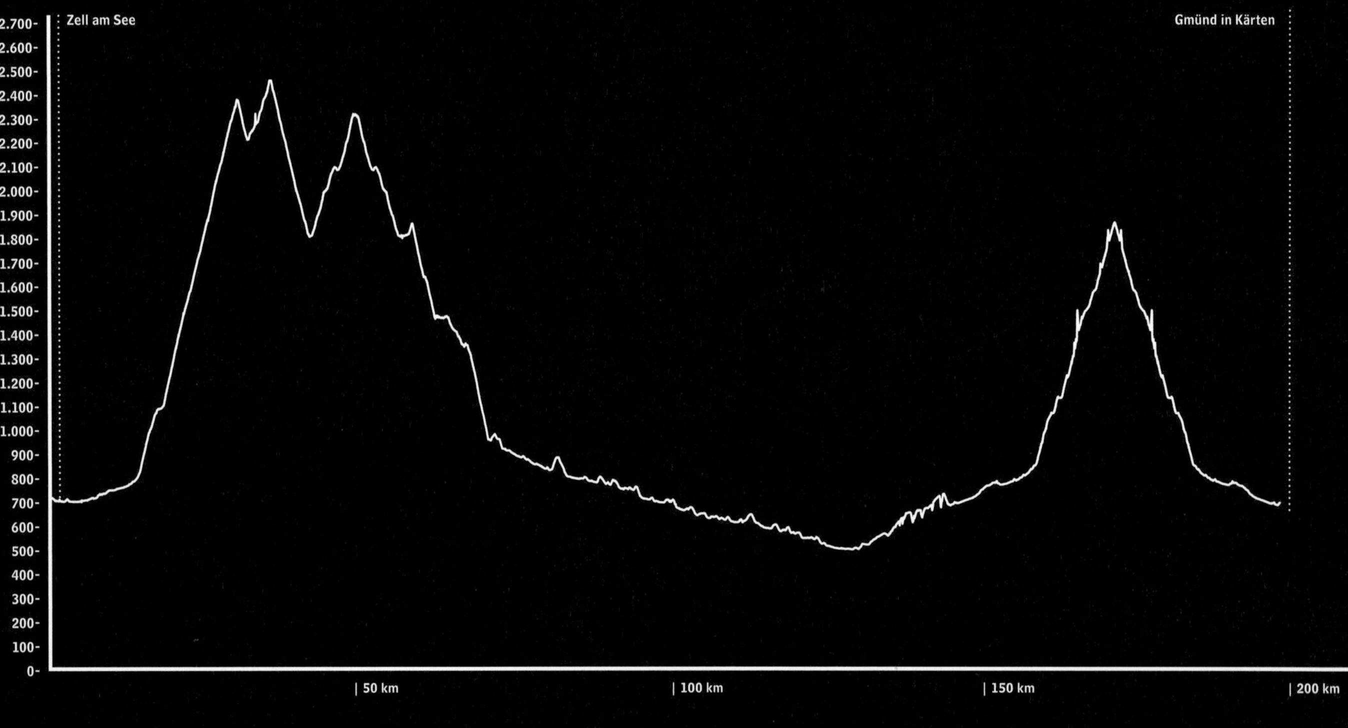

Saalfelden am Steinernen Meer
Bischofshofen
Hochkönig
Mühlbach am Hochkönig
St. Johann im Pongau
Radstadt
Schladming
Altenmarkt
Bruck a. d. Großglocknerstr.
Kaprun
Rauris
Dorfgastein
Bad Hofgastein
Bad Gastein
Radstädter Tauernpass
Tauerntunnel
Sankt Michael i. Lungau
Katschberg-höhe
Großglockner
Großglockner Hochalpenstraße
Edelweißspitze
Hochtor
Heiligenblut
Nationalpark
Hohe Tauern
Ankogel
Mallnitz
Obervellach
Gmünd
Spittal a. d. Drau
Seeboden
Millstatt
Radenthein
Lienz
Dölsach
Steinfeld
Greifenburg
Oberdrauburg
Kötschach
Mauthen
Hermagor
Pressegger See
Weißensee
Paternion
Nassfeldpass
Tarvisio
Pontebba
Chiusaforte
Moggio Udinese
Tolmezzo
Ampezzo
Sappada
Venzone
Karnische Dolomitenstr.
Gailbergsattel
Plöckenpass
Biosphärenpark
Kärntner
Gailtaler Alpen
Karnische Alpen
Lienzer Dolomiten
Carnia

GMÜND IN KÄRNTEN
TRIEST

464 KM • 8 STD // 288 MILES • 8 HRS

„Oha“, denkst du bei der Streckenplanung, „wohin hat es uns denn hier verschlagen?“ – Entweder scheint man in Kärnten nicht allzu viel Fantasie auf Ortsnamen zu verschwenden oder die Kärntner halten viel von radikalem Understatement: Gleich dreimal wird der wenig glamouröse Name „Winklern“ für ein paar Häuser in einem – na, wo wohl – hinteren Winkel vergeben, oder es geht von „Innere Einöde“ nach „Äußere Einöde“.

—

“OMG,” you think as you start planning your route, “where have we ended up?” – They don’t seem to show much imagination when naming places in Carinthia. Either that, or the Carinthians are big fans of radical understatement: no fewer than three different small groups of houses in a remote part of the state each bear the unglamorous name “Winklern” (roughly translated “Crannies”), while at one point the route takes us from “Innere Einöde” (Inner Wasteland) to “Äußere Einöde” (Outer Wasteland).

20

Beinahe wie im deutschen Schwarzwald, wo Orte „Notschrei“ heißen, „Todtnau“, „Schlechtnau“ oder „Höllsteig“ und wenn man Namen in nicht ganz so depressiver Stimmung vergeben hat, wohnt man höchst fantasievoll in „Hof“, „Dorf“ oder gar „Aha“ ... - Da möchte man doch auf der Stelle hinfahren!

Und genau das tun wir, um das bunt schillernde Licht der großen, weiten Welt nach Kärnten zu bringen. Entschlossen pfeilen wir nach Norden, wechseln aber schon in Kremsbrücke auf die L19 in Richtung Osten. Es folgt Kremsberg mit den Ortsteilen Unterkremsberg, Oberkremsberg und - Verwechslung ausgeschlossen - Oberkrems. Über Vorderkrems geht es dann nach Innerkrems - nur auf Hinterkrems warten wir vergebens. Was aber auch daran liegen könnte, dass in Innerkrems an der Krems der Abzweig zur Nockalmstraße liegt, über die wir uns aus dieser völlig verkremsten Situation retten, in einem mächtigen, nomenklatorischen Befreiungsschlag.

24 Euro will die freundliche Dame an der Mautstation für die Überfahrt (Motorräder kosten nur 18 Euro, dürfen aber im Sommer abends ab 18:00 Uhr nicht mehr fahren), dann ist der Weg auf „Kärntens sanfteste Alpenstraße“ frei. Was wohl dran ist, an diesem selbstverliehenen Prädikat? - Zuerst einmal einiges: Die schmale Straße kullert in verhaltenem Tempo bergan, immer wieder nehmen eng geflochtene und steile Serpentinenmomente zusätzlich Tempo heraus. Das fährst du lieber in versammeltem Trab, statt hartem Galopp und spätestens am Biosphärenpark-Zentrum Nockalmhof darf es eine kleine Bildungspause sein. Den Nockalm-Biosphärenpark gibt es nämlich, weil sich zu Beginn der 1980er-Jahre weit über 90 Prozent der Bevölkerung gegen eine fortschreitende touristische Erschließung der Region ausgesprochen haben, damit diese Ecke der Alpen einen ausgeprägten Naturcharakter oder traditionellen Kulturlandschaft-Charakter behalten kann. Woanders führen Skilift-Netze rund um Wintersport-Bettenburgen in die ausgeholzten, freigeräumten und glattgebügelten Pisten, aber an der Nockalm grasen die Kühe wilde Kräuter, wachsen Zirben und Lärchen, pfeifen die Murmeltiere.

It is almost like in the German Black Forest, where places are called "Notschrei", "Todtnau", "Schlechtnau," or "Höllsteig" (roughly translated "Panic Scream", "Death Meadow", "Badlands" and "Hell's Mouth") and the names chosen in a less depressed mood aren't much better. You can give your fantasy free rein in places called "Hof" ("Yard"), "Dorf" ("Village") or even "Aha"... - Something just makes you want to head there right away!

And that's exactly what we're doing, determined to bring the bright lights of the big, wide world to Carinthia. We head north resolutely, but already in Kremsbrücke, we switch to the L19, heading east. Next comes Kremsberg and the districts of Unterkremsberg, Oberkremsberg, and - to avoid confusion - Oberkrems. Passing through Vorderkrems, we then head to Innerkrems - but we wait in vain for Hinterkrems. But that could also be because in Innerkrems an der Krems marks the turn-off onto the Nockalm Road, which we use to escape this knotty tangle of names.

The nice lady at the toll station charges us 24 euros for the crossing (motorcycles only cost 18 euros, but are not allowed in the evenings in summer after 6:00 p.m.), and then our way is clear on "Carinthia's smoothest Alpine road." What's the truth behind this self-proclaimed title? A few remarks to begin with: the narrow road climbs uphill at a leisurely pace, with tight, steep switchbacks adding to the pace. It's better to travel at a collected trot rather than a hard canter, and the Nockalmhof Biosphere Reserve Center is the perfect spot for a short educational break. The Nockalm Biosphere Reserve exists because, in the early 1980s, well over 90 percent of the population came out against the increasing development of tourism in the region, determined that this corner of the Alps should retain its distinctive natural character and traditional cultural landscape.

Elsewhere, ski lift networks around winter sports resorts resulted in cleared, smoothed slopes, but on the Nockalm, cows graze in wildflower meadows, Swiss stone pines and larches grow, and the whistling of

HOTEL & RESTAURANT

HOTEL PALAIS 26
HAUPTPL. 26
9500 VILLACH
ÖSTERREICH
WWW.PALAIS26.AT

Nichts gegen das Skifahren an sich, aber schön, dass es die Nockalm-Biosphäre gibt. Ganz wunderbar ist die. Und deshalb nimmt man auf der Nockalmstraße dann auch weiterhin feinsinnig das Gas raus, und segelt gut gelaunt durchs Bergpanorama. Auf und ab, rund um die gutmütigen Berg-Kuppen, immer wieder einmal ausgesetzt und mit freiem Rundumblick, dann wieder versteckt in den Berghängen. Gute 35 Kilometer lang geht das so, dann hat uns die Nockalmstraße bei Reichenau auf der anderen Bergseite abgesetzt. Motor-Fans könnten hier noch einen Abstecher zur Turracher Höhe einlegen, die mächtig steile Passstraße hinüber in die Steiermark war immer wieder Entwicklungs-Schauplatz automobiler Meilensteine. Porsche hatte hinten in Gmünd für ein paar Jahre einen Entwicklungs- und Produktionsstandort, die ersten 50 Serienmodelle des Porsche 356 stammen von hier. Um den damals nur rund 40 PS starken und luftgekühlten Wagen auf den Zahn zu fühlen, wurde eine Fahrt zur Turracher Höhe naheliegend: Ein Auto, das es hinaufschaffte, ohne den Überhitzungstod zu sterben und in einem Schwung oben ankam, konnte mit einer Entwicklungsfreigabe rechnen. Damit stand der Porsche-Link zur Turracher Höhe, noch bis Anfang der 2000er-Jahre hat die Sportwagenmarke rund um die verschneite Passstraße und auf dem zugefroren Turracher See Wintererprobungsfahrten durchgezogen. Auf diese Weise wurde die Strecke zwischen Steiermark und Kärnten auch zur Geburtsstätte der heutigen Allrad-Pkw: Sowohl Audis quattro-Antrieb hat hier erste Schritte gemacht, als auch die allradgetriebenen Porsche 911-Modelle. Kann man sich irgendwie schon ganz gut vorstellen, wie die Porsche- und Audi-Entwickler hier oben derbe Technik-Konstellationen durch tiefen Schnee und übers Eis geprügelt haben, immer auf der Suche nach der ultimativen Traktion. Nach diesem kleinen Abstecher in den Maschinenraum der Automobilgeschichte ist es aber höchste Zeit fürs Weiterfahren. Bis hinunter ans Meer sind es noch über 300 Kilometer, also Anschnallen.

Hinter Sankt Margarethen an der Gurk fahren wir am kleinen Ort Zedlitzdorf vorbei. Grund genug, für einen neuerlichen Ortsnamen-Exkurs vom Gas zu gehen: Sowohl der stark nach Gemüse klingende Fluss (Grk kopiert übrigens lautmalerisch das Gurgeln des Wassers ...) als auch die -itz-Endung im Wort „Zedlitz“ entstammt dem Slawischen – und damit jenen Volksstämmen

marmots can be regularly heard. Although we've nothing against skiing per se, it's great that the Nockalm Biosphere exists. It's absolutely wonderful. And that's why, on the Nockalm Road, you continue to subtly ease your foot off the gas and sail through the panoramic mountain scenery in contented mood. We climb up and down as we round the gentle mountain peaks, occasionally coming out into the open to enjoy unobstructed panoramic views, then plunge again amid the mountain slopes. This continues for a good 35 kilometers, then the Nockalm Road drops us off on the other side of the mountain near Reichenau.

Petrol heads could also take a detour to the Turracher Höhe. This grandiose steep mountain pass leading into Styria has repeatedly been the scene of automotive milestones. Porsche ran a development and production facility in Gmünd for a few years, and the first 50 production models of the Porsche 356 originated there. A trip to the Turracher Höhe was an obvious choice to test the air-cooled car, which at the time only had an output of around 40 hp. A car that made it up the hill without overheating and reached the top in one go was assured of development approval. This forged Porsche's link to the Turracher Höhe. Up until the early 2000s, the sports car manufacturer conducted winter test drives around the snowy mountain pass and on the frozen surface of Lake Turrach. Hence, the stretch between Styria and Carinthia also became the birthplace of today's all-wheel-drive cars: Audi's quattro drive system made its debut here, as did the all-wheel-drive Porsche 911 models. It's easy to imagine how the Porsche and Audi developers put their tough technical configurations through their paces in deep snow and ice up here in search of ultimate traction. After this short detour into the engine room of automotive history, it's high time to move on. It's still over 300 kilometers down to the sea, so buckle up.

Beyond Sankt Margarethen an der Gurk, we pass the small village of Zedlitzdorf. This is reason enough to slow down for another excursion into place names. The -itz ending in the name “Zedlitz” is of Slavic origin, coming from those tribes of the East who, since ancient times, settled the southeastern Alps, the Balkans, and the Pannonian Plain, among

500 m

HOTEL / RESTAURANT

HIŠA FRANKO
STARO SELO 1
5222 KOBARID
SLOVENIA
WWW.HISAFRANKO.COM

des Ostens, die seit alter Zeit unter anderem den südöstlichen Alpenraum, den Balkan und die Pannonische Tiefebene besiedelten. Itz und Nitz und Stritz und Schitz und Itsch werden uns deshalb ab hier immer öfter begegnen – lebensfrohe, bajuwarisch-germanische Ortsnamen wie „Maria Elend" gibt es freilich ebenso bis hinunter zur Grenze nach Slowenien, schließlich haben sich die Menschen über die Jahrhunderte hinweg auch in diesem Landstrich immer kräftig durchmischt.

Und genau in diesen großen Kultur- und Sprachen-Mixer fahren wir nun hinein, verlassen bei Winklern Nummer Zwei die B95 in Richtung Arriach, streifen unterhalb der Gerlitzen vorbei und gelangen dann über Innere und Äußere Einöde an den Ossiacher See. Wörthersee und Faaker See sind ebenfalls nicht weit, die Drau kurvt auf ihrem Weg nach Osten bis zur Donau vorüber und mittendrin in dieser lieblichen Landschaft der Seen, Berge und Flüsse hat sich die Stadt Villach niedergelassen: Zweitgrößte Stadt Kärntens und einer der Hauptknotenpunkte zwischen Alpen und Adria. Hinter den Bergen im Süden hört Österreich auf und genau dorthin führt die Route: Pfiat Di, Tschau, Ba-Ba und Servus Österreich.

Bis zur Grenze bei Arnoldstein nehmen wir die Autobahn, machen uns aber bereits nach wenigen Kilometern auf der italienischen Autostrada wieder davon, huschen in Richtung Osten, nach Slowenien. Den Ritt durch die Julischen Alpen wollen wir uns bestimmt nicht entgehen lassen. Blöd, dass uns das Ätzen über die Ortsnamen Kärntens nun herzhaft auf die Füße fällt – ab der Grenze bei Rateče verstehen wir kein Wort mehr. Das Slowenische mag wie alle slawischen Sprachen zum indogermanischen Sprachstamm gehören, aber die letzte gemeinsame Verästelung zum Deutschen oder Englischen liegt so weit zurück, dass heute kaum noch oberflächliche Ähnlichkeiten zu entdecken sind. Den Abzweig in Richtung Bovec bei Kranjska Gora erwischen wir trotzdem ganz problemlos und danach gibt es für lange Zeit nichts mehr zu verstehen oder zu lesen – nur zu fahren. Die Julischen Alpen lassen im Tal der Pišnica ein klein wenig Dolomiten-Stimmung

other places. Therefore, from here on, we'll encounter Itz and Nitz and Stritz and Schitz and Itsch more and more frequently. Of course, there are also cheerful, Bavarian-Germanic place names like "Maria Elend" (roughly translated "Mary's Misery") all the way down to the border with Slovenia. After all, people have always intermingled extensively in this region over the centuries.

We are now entering this vast cultural and linguistic cocktail shaker, leaving the B95 at Winklern number two heading for Arriach, skirting beneath the Gerlitz mountains, and then reaching Lake Ossiach via Innere and Äußere Einöde. Lake Wörther and Lake Faaker are also close by. The River Drau curls past on its eastward course to the Danube, and right in the heart of this lovely landscape of lakes, mountains, and rivers is the city of Villach, Carinthia's second-largest city and one of the main hubs between the Alps and the Adriatic. Beyond the mountains in the south, Austria ends, and that's exactly where the route is taking us. We take our leave in the characteristic local style: Pfiat Di, Tschau, Ba-Ba, and Servus Austria.

We take the motorway to the border near Arnoldstein, but after just a few kilometers we veer off again on the Italian autostrada, heading east towards Slovenia. We certainly don't want to miss the ride through the Julian Alps. At this point, our quibbling over the oddities of Carinthian place names comes back to haunt us – from the border near Rateče onwards we don't understand a word. Slovenian, like all Slavic languages, may belong to the Indo-European language family, but the last common point with German or English dates back so far that today there are barely any superficial similarities to be found. Nevertheless, we easily find the turnoff for Bovec near Kranjska Gora, and after that there are no signs to read or understand for a long time – just driving. The Julian Alps have a hint of the Dolomites in the Pišnica Valley: dense evergreen forests crowd the steep slopes beside the ice-blue river, and above them tower the imposing rocky peaks of the

BUS

aufkommen: Dichter Nadelwald drängt sich an den steilen Hängen neben dem eisblauen Fluss, darüber ragen die imposanten Felszinnen des Triglav-Nationalparks auf, grau und kahl und schroff.

Die Straße über den Vršič-Pass ist ein buckliges und knorriges Biest, daran dürften auch die immer wieder zwischen Sommersaison und Wintersperre laufenden Bauarbeiten nichts ändern. Ein rissiges und vernarbtes Asphaltband turnt in die Täler hinein, klettert in einer wilden Landschaft immer höher und schraubt sich am Ende staubig, ganz außer Atem, über die Passhöhe. Damit hat sie aber erst die kürzere Seite hinter sich, in Richtung Süden geht das quirlige, vertrackte Treiben erst so richtig los. Wild kurvend erkämpft sich das Sträßchen den Abstieg im Zirbenwald, während darüber brachiale Felsriffe und monumentale Bergstöcke gespannt zusehen. Erst im kleinen Ort Trenta beruhigt sich die Sache, jetzt geht es entlang der Soča (italienisch: Isonzo) nach Südwesten, bis nach Bovec. Um den Sockel des dramatischen, 2.677 Meter hohen Mangart an der nördlichen Grenze Sloweniens zu erreichen, müsste man jetzt nach Norden fahren. Falsche Richtung also, wenn es an die Adria gehen soll. Ein Blick auf die Landkarte macht aber klar: Da oben wartet mächtiges Kurvengewimmel auf Serpentinen-Freunde, und wenn man unter einer „soulful driving"-Fahne fährt, wird der Zweistunden-Umweg zur Ehrensache. Wir zielen also ganz fokussiert in Richtung Norden, immer dem kleinen Fluss Koritnica nach, und dann auf die „Mangartska Cesta", die Mangart-Straße. Nicht weit unterhalb der auf knapp 2.000 Metern liegenden Endstation überkreuzen sich die Serpentinen teilweise sogar durch Tunnelführungen, spätestens nach diesem Straßen-Pogo lassen Kurven-Fans die Korken knallen. Und rauschen dann noch genüsslich in die Schleife am Mangart-Sattel (Mangartsko sedlo) hinein, die nur wenige Meter von der Grenze zu Italien entfernt verläuft. Ein Länderwechsel wäre allerdings nur per Gleitschirm möglich, Italien beginnt hier mit einer klaffenden Felswand. Also lieber die Ehrenrunde mit Premium-Ausblick. Unten das Tal, der stämmige Mangart-Gipfel zum Greifen nahe. Und jetzt zurück, auf Südkurs bis nach Bovec.

Triglav National Park, grey, bare, and rugged. The road over the Vršič Pass is a bumpy, gnarly beast. The construction work that regularly takes place between the summer season and the winter closure is unlikely to change that fact. A cracked and scarred ribbon of asphalt twists into the valleys, climbing ever higher through a wild landscape, and finally winding its way, dusty and out of breath, over the pass summit. But that's less than half the story and as we head south, the bustling, intricate activity really begins. The wildly winding narrow road pushes its way down through the pine forest, while brutal rocky crags and monumental mountain ranges stare down tensely from above. Things only calm down when we reach the small town of Trenta, and now the route continues southwest along the River Soča (Italian: Isonzo) to Bovec.

To reach the base of the dramatic, 2,677-meter-high Mangart on Slovenia's northern border, you'd have to head north. This is the wrong direction if you're heading for the Adriatic. A glance at the map, however, clears things up: a mighty tumbril of curves awaits serpentine fans up there, and, if you're driving under the banner of "soulful driving," the two-hour detour is simply a matter of honor. So, we head north, fully focused, following the small Koritnica River and then onto the "Mangartska Cesta," the Mangart Road. Not far below, the final destination at almost 2,000 meters, the switchbacks intersect, sometimes even through tunnels.

Curve fans will be popping their corks after this game of road pogo. Next, we rush with relish into the loop at the Mangart Saddle (Mangartsko sedlo), which runs just a few meters from the border with Italy. However, you'd need a paraglider to cross the border, as Italy begins here with a gaping rock face. So, it's better to do a lap of honor with a premium view: the valley below, the massive Mangart peak almost close enough to touch. We head back, traveling south to Bovec. And then we head straight on to Kobarid, where the route has another

HOTEL

L'ALBERO NASCOSTO
VIA FELICE VENEZIAN, 18
34124 TRIESTE TS, ITALIEN
WWW. ALBERONASCOSTO.IT

Und dann gleich schwungvoll weiter nach Kobarid, erst hier hat die Route wieder eine attraktive Kurven-Version zu bieten. Im kleinen Weiler Idrsko geht es nach links in Richtung Livek ab, die Abzweigung der Landstraße 102 versteckt sich zwischen Trafokasten und Milchhäuserl, man kann sie leicht verpassen. Schwungvoll räubert die Straße den Berg hinauf, über sattgrüne Wiesenhänge und durch dichten Wald, wilder Rhabarber, Huflattich, Schafgarbe und Brennnesseln verfolgen die Reise. Wenn das picklige Asphaltband der 605 weit hinter Livek so schmal wird, dass du ziemlich sicher bist, dich grob verfahren zu haben, stimmt die Richtung übrigens ganz sicher. Trödelnd und irrlichternd geht es dahin, immer an den Berghängen entlang. Lange Zeit tauchen weder Ortschaften noch andere Straßen auf, dass die 605 einfach nur der Grenze zu Italien folgt, ist ihrem unaufhörlichen Dahinrollen nicht zu entnehmen. Unterwegs im dichten, feuchten Bergwald fühlt sich diese Fahrt an, als habe man sich in ein Endlos-Schleifen-Wurmloch verirrt. Hübsch und gemütlich, aber eben auch bodenlos und endlos. Erst die wenigen Häuser des kleinen Weilers Kambreško unterbrechen den plätschernden Flow, hier geht es auch in Richtung Ročinj ab, zum Flusstal der Soča.

Dem Fluss begegnen wir nun schon zum zweiten Mal und er hat eine Mission: Runter zur Adria, in möglichst direkter Falllinie. Diesem Sog folgen wir, fahren über Anhovo und Plave bis beinahe in die italienische Grenzstadt Gorizia, schlagen dann aber für die letzten rund 60 Kilometer noch einmal eine andere Route ein. Schleichen uns über Volčja Draga und die Gegend um Branik bis nach Stanjel. Eigenartig, welche zufriedene Müdigkeit sich in der letzten Stunde einer Reise breitmacht. Die Alpen liegen hinter uns, das Land ist nun flach und gefüllt mit Büschen, Feldern, Weingärten. Karstiges Geröll erinnert ein klein wenig an die Provence, die Grenze von Slowenien nach Italien hätten wir unterwegs beinahe übersehen, wenn da nicht das europäische Sternen-Schild neben dem verfallenen Grenzposten gewesen wäre. – Passender Abschluss für die Fahrt? Natürlich die Wallfahrtskirche Monte Grisa, wenige Minuten von Triest entfernt. Die Sonne des Mittelmeers fällt warm und weich ins Innere, Beton-Strukturen werfen ein Netz aus Schatten auf den glänzend polierten Boden. Wir schieben uns still in eine Kirchenbank lauschen der Stille des großen Raums. Angekommen.

series of attractive curves to offer. In the small hamlet of Idrsko, the road turns left towards Livek. The turnoff for Highway 102 is hidden between a transformer station and a small dairy, making it easy to miss. The road sweeps up the mountain, over lush green meadow slopes and through dense forest, with wild rhubarb, coltsfoot, yarrow, and nettles accompanying our journey.

Although the patchy asphalt strip of Highway 605, far beyond Livek, becomes so narrow that you're pretty sure you've lost your way, you're definitely heading in the right direction. The route ambles along, always following the mountain slopes. There are no villages or other roads to be seen for a long time. There is nothing in the unending forward roll to suggest that Highway 605 is simply following the border with Italy. Traveling through the dense, humid mountain forest, this journey feels like you've lost yourself in a wormhole. Everything seems pretty and cozy, but also somehow endless. Only the few houses of the small hamlet of Kambreško interrupt the flow, where the road also branches off toward Ročinj, the Soča River Valley.

This is the second time we've encountered the river, which is now on a mission to descend to the Adriatic, following the most direct route possible. We tad along with its current, traveling via Anhovo and Plave almost as far as the Italian border town of Gorizia, but then taking a different route for the last 60 kilometers or so. We sneak through Volčja Draga and the area around Branik to Stanjel.

It's strange how contentedly tired we feel on the last hour of our journey. The Alps are behind us, the land is now flat and filled with bushes, fields, and vineyards. Karst scree is vaguely reminiscent of Provence, and we would have almost missed the border from Slovenia to Italy if it weren't for the European stars displayed next to the dilapidated border post. Would this be considered a fitting end to the trip? Of course, the pilgrimage church of Monte Grisa, just a few minutes from Trieste. The Mediterranean sun falls warm and softly into the interior. Concrete structures cast a net of shadows on the shiny, polished ground. We quietly slide into a pew and listen to the silence of the large space. We've arrived.

GMÜND IN KÄRNTEN TRIEST

Die vierte und letzte Etappe unserer Reise verlässt Gmünd in Kärnten nach Nordosten und macht sich dort über die Nockalmstraße auf den Weg rund um den UNESCO Biosphärenpark Nockberge. Ein atemberaubendes Gebirgspanorama, ursprüngliche Natur- und Kultur-Landschaft gehören ebenso zu dieser Route, wie ein fahrerisch ausgesprochen entspannter Charakter: Ohne zu überfordern, bietet die mautpflichtige Nockalmstraße auch fortgeschrittenen Fahrern einen großen Anreiz, diese Route zwischen Gmünd und Feldkirchen zu nehmen, anstatt an der Drau entlang bis Villach zu fahren. Mit einem kleinen Abstecher zur Turracher Höhe belohnen sich Kurven-Fans für diese Entscheidung, danach geht es nördlich von Feldkirch wieder in Richtung Westen. So lässt sich die vielbefahrene Route am Ossiacher See bis Villach vermeiden. Die Stadt an der Drau ist neben Klagenfurt einer der größten Städte Kärntens. Durch ihre Lage zwischen Ossiacher See, Wörthersee und dem kleineren Faaker See ist Villach auch für Sommer-Touristen attraktiv, über den östlich gelegenen Karawanken-Tunnel geht es zur slowenischen Haupstadt Ljubljana und dann weiter nach Kroatien. Unser Route führt allerdings über die Berge des Triglav-Nationalparks nach Süden, zur Adria. Zuerst steht aber ein kurzer Streckenabschnitt auf italienischem Staatsgebiet an, ab Kranjska Gora sind wir in Slowenien unterwegs und folgen dem Grenzverlauf zwischen Italien und Slowenien bis kurz vor Triest. Erst dann fahren wir für die letzten Kilometer zur großen Hafenstadt wieder nach Italien hinein.

—

The fourth and final leg of our journey leaves Gmünd in Carinthia to the northeast, heading along the Nockalm Road, circumventing the UNESCO Nockberge Biosphere Reserve. A breathtaking mountain panorama, pristine natural and cultural landscapes are just as much a part of this route as a particularly relaxed driving experience. In no way overwhelming, the tolled Nockalm Road offers even experienced drivers some great reasons to choose this route between Gmünd and Feldkirchen instead of following along the River Drava to Villach. Curve lovers will be rewarded for this decision with a short detour to the Turracher Höhe, after which the route heads west again north of Feldkirch. This avoids the busy route along Lake Ossiach to Villach. Alongside Klagenfurt, the town on the River Drava is one of the largest cities in Carinthia. Due to its location between Lake Ossiach, Lake Wörthersee, and the smaller Lake Faak, Villach is also a favorite with summer tourists. The Karawanks Tunnel to the east leads to the Slovenian capital, Ljubljana, and then on to Croatia. Our route leads south over the mountains of the Triglav National Park to the Adriatic. First, however, we need to cover a short stretch on Italian territory. After Kranjska Gora, we have entered Slovenia and follow the border between Italy and Slovenia until just before Trieste. Only then do we drive back into Italy for the final kilometers to the major port city.

464 KM • 8 STD // 288 MILES • 8 HRS

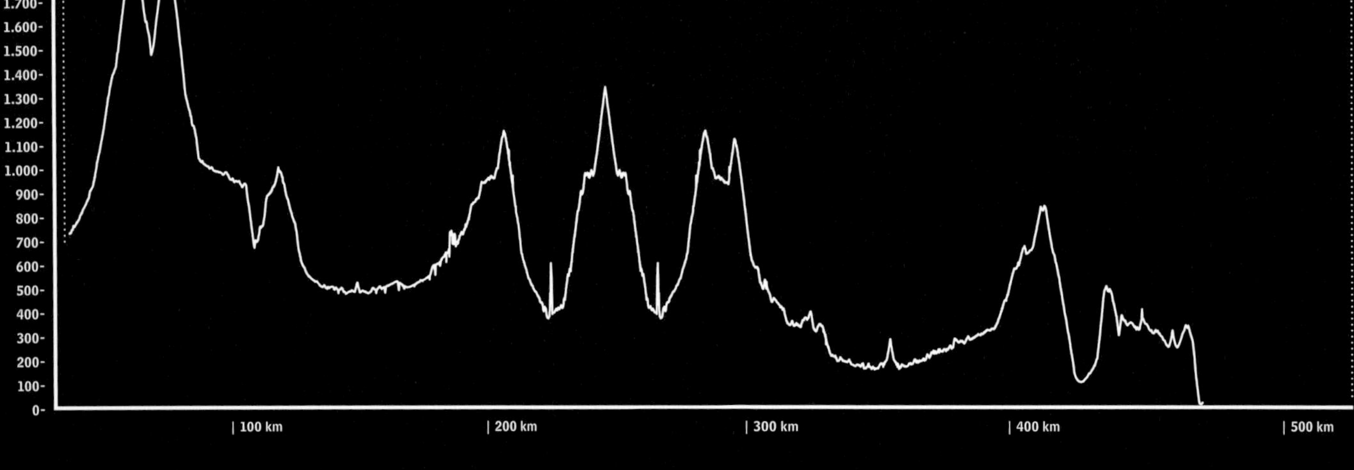

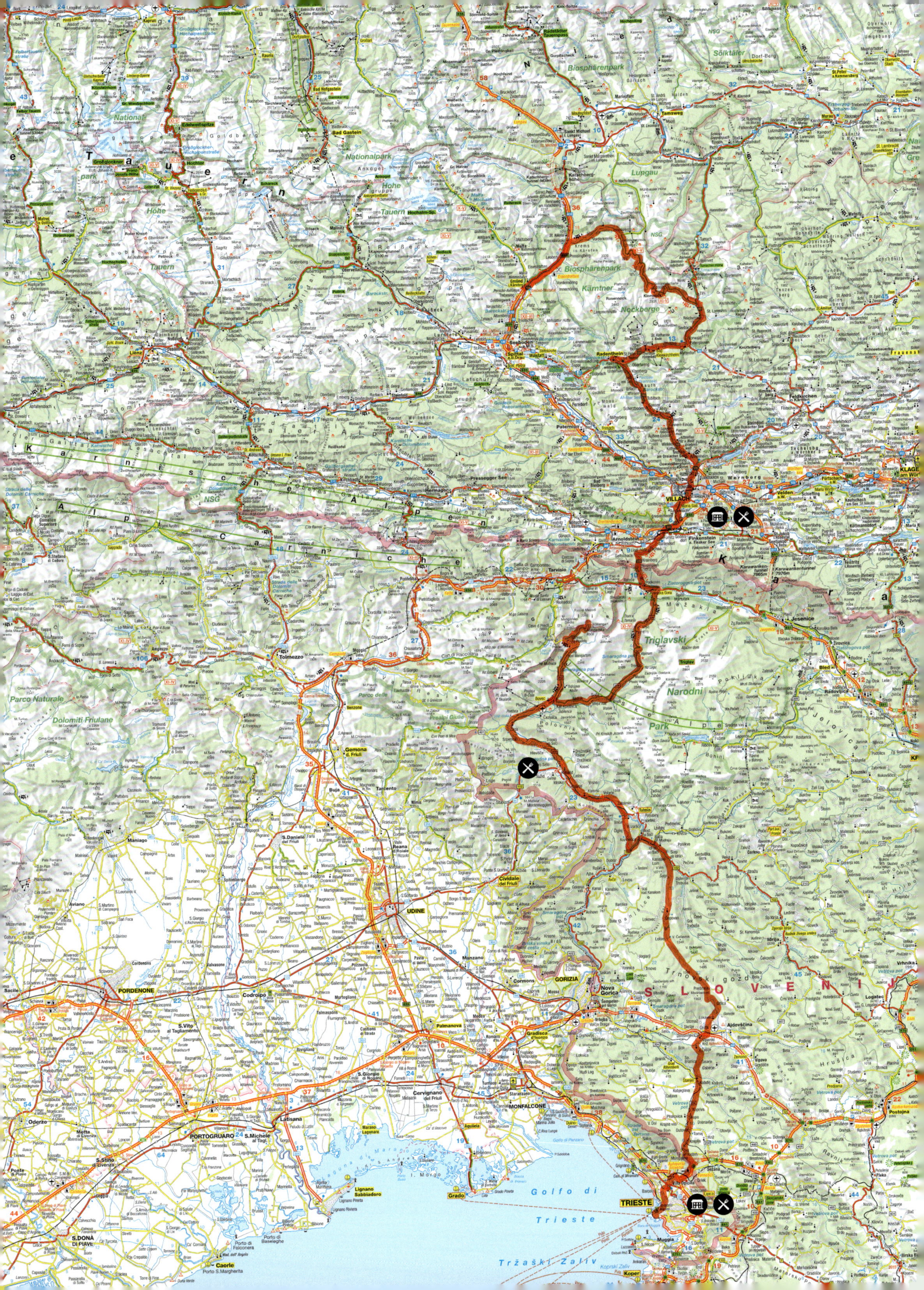

Nationalpark Hohe Tauern
Biosphärenpark Kärntner Nockberge
Lungau
Spittal
Radenthein
Villach
Klagenfurt
Velden
Tarvisio
Triglavski Narodni Park
Tolmezzo
Gemona d. Friuli
Parco Naturale Dolomiti Friulane
Udine
Cividale del Friuli
Pordenone
Codroipo
Palmanova
Gorizia
Nova Gorica
Gradisca d'Isonzo
Monfalcone
Latisana
Portogruaro
Lignano Sabbiadoro
Grado
Golfo di Trieste
Trieste
Tržaški Zaliv
Muggia
Koper
Caorle
S. Donà di Piave
Ajdovščina
Postojna
Logatec
Jesenice
Bled
SLOVENIJA
Karnische Alpen

Porsche Automuseum
Helmut Pfeifhofer
Riesertratte 4a
9853 Gmünd, Kärnten
Österreich
www.auto-museum.at

WORTH A VISIT

PORSCHE AUTOMUSEUM HELMUT PFEIFHOFER

Wo alles begann – das Porsche Automuseum Helmut Pfeifhofer in Gmünd. Zwischen den sanften Hügeln Kärntens liegt Gmünd, jener beschauliche Ort, an dem zwischen 1944 und 1950 die ersten Sportwagen mit dem Namen Porsche gebaut wurden. Hier eröffnete Helmut Pfeifhofer im Jahr 1982 das erste private Porsche-Museum Europas – ein liebevoll kuratierter Zufluchtsort für Enthusiasten, der den Geist der frühen Jahre lebendig hält. Die Sammlung, die heute von Christoph Pfeifhofer, dem Sohn des Gründers, weitergeführt wird, umfasst rund 40 historische Fahrzeuge. Darunter befinden sich seltene Schmuckstücke wie ein originaler Porsche 356 aus der Gmünd-Serie, ein schwimmfähiger Jagdwagen von 1956 oder Österreichs erster Polizei-911. Jeder Wagen erzählt seine eigene Geschichte – von technischer Raffinesse, mutigem Design und der Leidenschaft, die Ferdinand Porsche einst antrieb. Das Museum ist weit mehr als eine reine Fahrzeugsammlung. Zwischen alten Zeichnungen, Originalteilen und Filmaufnahmen entsteht ein Gefühl für jene Pionierzeit, als Porsche noch in Holzbaracken arbeitete und der Traum vom perfekten Sportwagen gerade erst Gestalt annahm. Nur wenige Schritte entfernt erinnert das alte Pförtnerhäuschen an die Anfänge der Produktion in Gmünd – ein stiller Zeuge der frühen Porsche-Geschichte, der bis heute erhalten ist. Wer durch die Tore der alten Lodron-Stallungen tritt, spürt sofort die besondere Mischung aus Tradition, Ingenieurskunst und Enthusiasmus, die den Namen Porsche bis heute prägt.

–

Where it all began – the Helmut Pfeifhofer Porsche Car Museum in Gmünd. Gmünd lies nestled between the gently rolling hills of Carinthia. It was in this tranquil town that the first sports cars bearing the Porsche name were built between 1944 and 1950. It was also here that Helmut Pfeifhofer opened Europe's first private Porsche Museum in 1982, a lovingly curated haven for enthusiasts that serves as keeper of the flame for the spirit of the marque's early years. The collection, which is now continued by Christoph Pfeifhofer, the founder's son, comprises around 40 historic vehicles. Among them are rare gems such as an original Porsche 356 from the Gmünd series, an amphibious hunting brake from 1956, and Austria's first police 911. Each car has its own tale to tell – stories of technical sophistication, bold design, and the passion that once drove Ferdinand Porsche. The museum is much more than just a collection of vehicles. Thanks to a wealth of old drawings, original parts, and film footage, a sense of those pioneering days emerges, when Porsche was still working in wooden sheds and the dream of the perfect sports car was just a twinkle in his eye. Just a few yards away, the old gatehouse commemorates the beginnings of production in Gmünd – a silent witness to early Porsche history that has been preserved to this day. Anyone who steps through the gates of the old Lodron stables will immediately sense that unique blend of tradition, engineering excellence, and enthusiasm that continues to characterize the Porsche name right down to the present.

AUTOMUSEUM

PIRELLI
CAFFI
PORSCHE
ITALIA

DIESES HOLZMODELL VOM TYP 356 WURDE IM JAHRE 1984
IN DER EIGENEN RESTAURATIONSWERKSTÄTTE DEM
ORIG. GMÜNDNER MODELL DES JAHRES 1946 NACHGE-
BAUT. DA DAS ORIGINAL LEIDER VERNICHTET WURDE
SEHEN SIE HIER DAS EINZIGE HOLZMODELL VOM
PORSCHE 356.
DIE AUF DEM TREIBSTOCK VORGETRIEBENEN KAROS-
SERIETEILE WURDEN DEM MODELL ANGEPASST UND
NACHHER VERSCHWEISST.
MIT DER NACHSCHAFFUNG DIESES MEISTERWERKES
WOLLEN WIR EINFACHHEIT, DIE ZUR
FÜHRTE, DEMONSTRIEREN.

KÄRNTNER AUTOMOBIL- u. TOURING-CLUB
PORSCHE 356 Treffen
Gmünd 1997
BADGASTEIN
SALZBURG

PORSCHE

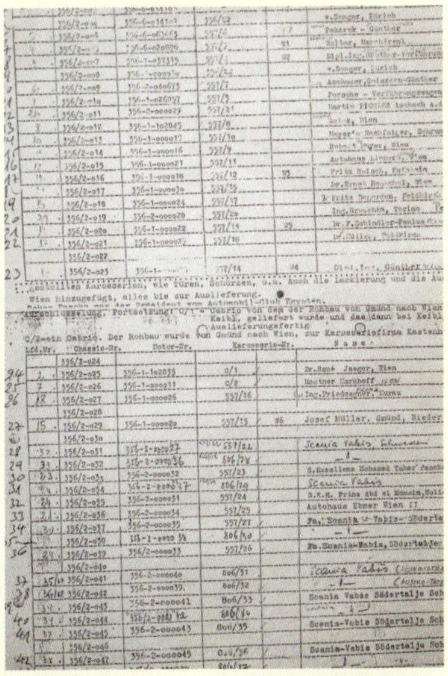

PORSCHE

TOP Mountain
Motorcycle Museum
Timmelsjochstrasse 8
6456 Hochgurgl
Österreich
www.crosspoint.tirol

WORTH A VISIT

TOP MOUNTAIN MOTORCYCLE MUSEUM TIMMELSJOCH

Das TOP Mountain Motorcycle Museum liegt im Top Mountain Crosspoint bei Hochgurgl in Tirol, direkt an der Mautstation der Timmelsjoch-Hochalpenstraße auf rund 2.175 Metern Seehöhe. Es gilt als das höchstgelegene Motorradmuseum Europas und zeigt auf über 4.500 Quadratmetern mehr als 500 klassische Motorräder von rund 120 internationalen Marken – von den ersten Modellen aus dem Jahr 1894 bis zu modernen Maschinen. Neben seltenen Oldtimern und Rennmotorrädern können Besucher auch Sonderexponate und interaktive Erlebnisstationen entdecken. Nach einem verheerenden Brand im Januar 2021, der große Teile der ursprünglichen Sammlung zerstörte, wurde das Museum in beeindruckend kurzer Zeit wiederaufgebaut und im November 2021 als moderne „Motorcycle Experience World" neu eröffnet. Seither bietet es neben der umfangreichen Ausstellung auch ein 4D-Kino, Techniksimulationen und multimediale Präsentationen, die die Faszination Motorrad auf besondere Weise erlebbar machen. Das Museum ist Teil des Top Mountain Crosspoint-Komplexes, zu dem außerdem ein Panorama-Restaurant, die Kirchenkar-Gondelbahn und die Mautstation gehören. Es ist täglich von etwa 10:00 bis 17:30 Uhr geöffnet; der Eintritt kostet rund 15 Euro für Erwachsene und 8 Euro für Kinder.

–

The TOP Mountain Motorcycle Museum is located at an altitude of approximately 2,175 meters above sea level at the Top Mountain Crosspoint near Hochgurgl in Tyrol, directly next to the toll station for the Timmelsjoch High Alpine Road. Believed to be the highest motorcycle museum in Europe and measuring over 4,500 square meters in area, it displays more than 500 classic motorcycles from around 120 international brands, from the earliest models, dating back to 1894, to modern machines. In addition to rare vintage motorcycles and racing motorcycles, visitors can also discover special exhibits and explore interactive displays. Following a devastating fire in January 2021, which destroyed large parts of the original collection, the museum was rebuilt in an impressively short time and reopened in November 2021 as a modern "Motorcycle Experience World." Since then, in addition to the extensive exhibition, it also includes a 4D cinema, technology simulations, and multimedia presentations that bring the fascinating world of motorcycles to life in a unique way. The museum is part of the Top Mountain Crosspoint complex, which also includes a restaurant with panoramic views, the Kirchenkar cable car, and the toll station. The museum is open daily from approximately 10:00 a.m. to 5:30 p.m.; admission is around € 15 for adults and € 8 for children.

PORSCHE
911 RSR
IMSA
FATurbo
EXPRESS

ASK THE LOCAL

>> *www.fat-international.com*

Ferdi Porsche studierte Architektur an der TU Wien und ist seit 2019 Mitbegründer und Geschäftsführer von Steiner Architecture. Er ist Gründer von FAT International, einer Marke, die Motorsport, Kultur und Community durch Veranstaltungen, Räume und Bekleidung miteinander verbindet. Im Jahr 2019 ließ er das historische Eisrennen im österreichischen Zell am See wieder aufleben, das nun als FAT Ice Race bekannt ist und seitdem auch international expandiert. Wir treffen ihn am F.A.T Mankei, seinem neuestem Projekt am Grossglockner.

–

Ferdi Porsche studied architecture at TU Vienna and has been Co-founder and managing director at Steiner Architecture since 2019. He is the founder of FAT International, a brand that connects motorsport, culture, and community through events, spaces, and clothing. In 2019, he revived the historic Ice Race in Zell am See, Austria, now known as the FAT Ice Race, which has since expanded internationally. We meet him at the F.A.T Mankei, his latest project on the Grossglockner.

Bestimmt wirst Du oft danach gefragt: Dein Nachname kommt uns irgendwie bekannt vor ... Ja, das passiert öfter. Zum Glück haben unsere Autos ein Lachen im Gesicht und die Leute verbinden positive Gefühle damit.

„Typisch Porsche" – was heißt das für Dich? Charmanter als die Mitbewerber – und schneller.

Und in welcher Hinsicht bist Du ein ganz und gar untypischer Porsche? FATTER ;-) (*Ein Verweis auf FAT International, früher ein Logistikunternehmen, das Mode durch ganz Europa transportierte und als Sponsor im Motorsport aktiv war, um seinen Express-Service bekannt zu machen. Nachdem 1994 ein von FAT unterstützter Porsche 962 als Außenseiter den Gesamtsieg in Le Mans errang, wurde der Marke legendärer Status zuteil. Heute produziert FAT International Kleidung und verbindet Menschen bei ungewöhnlichen Offline-Erlebnissen wie dem FAT Ice Race und FAT Mankei. Die Mission der Marke ist es, den Motorsport von Grund auf zu verändern, indem es den Kartsport mit der FAT Karting League wiederbelebt.*)

Wenn wir Dich kennenlernen wollen – beschreibe Dich mit 5 Worten? Neugierig, ungeduldig, aufgeschlossen, zielstrebig, visuell denkend.

Was treibt Dich um? Wie sieht persönliche Mobilität der Zukunft aus? Nicht nur in der Autowelt leben wir in super spannenden Zeiten. Politisch ist es mir manchmal zu spannend.

Was treibt Dich an? Als Architekt will ich weiter bauen.

Wenn wir Dich an Deinem Lieblingsort suchen – wo finden wir Dich? Am Mankei natürlich.

Tirol, Steiermark, Kärnten, Salzburg ... Für Nicht-Österreicher: Was müssen wir über Österreich und seine Regionen wissen? Allgemein gilt: Mit einem Wiener Kennzeichen zum Skifahren zu kommen ist nicht cool.

Was macht Österreich ganz besonders? Man könnte jetzt sagen die Menschen, die Landschaft und die Kunst. Das stimmt auch alles, aber noch viel mehr ist es das Wiener Schnitzel!

Wir haben drei Tage Zeit und suchen die beste Tour Österreichs – wohin schickst du uns? Über ein paar Pässe, an ein paar Seen vorbei und am Ende fix nach Wien.

Wenn es nicht um die Familie geht, sondern um die Automarke – was macht Porsche für dich aus? Kurz gesagt: Ein Porsche ist Luxus, aber spricht jeden an.

Die besten Porsche aller Zeiten sind für Dich, von Platz 5 bis 1 ...? Darauf bekommt man von mir jedes Mal eine andere Antwort, heute: 5. 550 Spyder, 4. 992 Dakar, 3. Carrera GT, 2. 993 Turbo S, 1. 911 GT1

I'm sure you get asked this a lot: Your last name has a familiar ring to it... Yes, that happens quite often. Luckily, our cars have a smile on their faces that evoke positive emotions.

What do the words "Typical Porsche" mean to you? More charm than the competition – and more speed too.

And in what ways are you a completely atypical member of the Porsche clan? FATTER ;-) (*This is a lighthearted reference to FAT International: in the past, FAT International was a logistics company that shipped fashion throughout Europe. It was also an enthusiastic sponsor of motorsports, aiming to highlight its express service. The brand achieved legendary status following its overall victory in Le Mans in 1994, despite being viewed as the underdog. Today, FAT international produces clothing and connects people at high-profile offline experiences like the FAT Ice Race and FAT Mankei. The marque's mission is to change motorsports forever, starting from the bottom up by fixing karting with the FAT Karting League.*)

We'd like to get to know you better. Can you describe yourself in five words? Curious, impatient, open-minded, determined, visual thinker.

What question weighs on your mind? What will personal mobility be like in the future? We're living in incredibly exciting times, and not just in the automotive world. Politically, things are sometimes too exciting for me.

What is it that drives you? As an architect, I want to continue building.

If we were to look for you at your favorite place, where would we find you? Mankei, of course.

Tyrol, Styria, Carinthia, Salzburg... What do non-Austrians need to know about Austria and its regions? Generally speaking, coming to ski with a Viennese license plate isn't cool.

What makes Austria so special? You could say the people, the landscape, and the art. That's all true. But, above all, it's the Wiener Schnitzel!

We have three days and are looking for the best tour in Austria – where would you advise us to go? Take in a few mountain passes, past a few lakes, and finally head straight to Vienna.

Family loyalties aside: when you think about the car brand, what defines Porsche for you? In a nutshell: a Porsche exudes luxury, but appeals to everyone.

Can you rank your best Porsches of all time, from 5th to 1st place? 5- 550 Spyder, 4- 992 Dakar, 3- Carrera GT. 2- 993 Tubro S, 1- 911 GT1

Elektroantrieb oder Verbrennungsmotor? Das kommt auf die Strecke an.

Luftkühlung oder Wasserkühlung? Hauptsache Motor hinten.

Du hast einen Nachmittag Zeit, wohin geht es dann? In kaltes Wasser oder zum Heurigen. Oder beides.

Und wen wolltest Du schon immer mal auf dem Beifahrersitz haben? Anne Hathaway

Electric motor or combustion engine? It depends on the route.

Do you prefer air cooling or water cooling? The most important thing for me is that the engine is in the back.

When you have a free afternoon, where do you go? For a swim in cold water or to a wine tavern. Or both.

Is there anyone you have always wanted to sit next to you in the passenger seat? Anne Hathaway

Parkplatz
Fuschertörl 1
2407 m ü.d.M.

BACKSTAGE

Mehr Backstage im CURVES Universum sein als oben an der Großglockner-Hochalpenstraße geht eigentlich überhaupt nicht: Auf der mächtigen Strecke zwischen Zell am See und Heiligenblut, zwischen Salzburg und Kärnten sind wir seit Jahren unterwegs. Kaum ist die Wintersperre um, zieht es uns zum Fuscher Törl, an die Edelweißspitze und von dort weiter bis zum Restaurant Mankei an der Fuscher Lacke, schließlich übers Mittertörl ans Hochtor. Von 750 Metern über Meereshöhe in Bruck an der Salzach, geht es auf jenseits der 2.500 Meter. Die Strecke durchsteigt damit einen Großteil der alpinen Lagen, arbeitet sich aus dem grünen Tal bis in die baumlosen, felsigen Höhenlagen empor, in einem Stockwerk nicht weit unterhalb der Gipfel. In den Kehren am Großglockner hat die CURVES-Idee vor anderthalb Jahrzehnten das Laufen gelernt, die mautpflichtige Höhenstraße ist seitdem auch unsere Werkbank und Teststrecke! – Was haben wir hier oben nicht schon alles gefahren, fotografiert und gefilmt, entweder ganz normal im Touristenverkehr oder während einer Streckensperrung: originale Porsche 911 S/T und RS zum Beispiel, so selten wie Einhörner. Einen Porsche 917 im vollen Renntrimm auf öffentlicher Straße, brüllend, dass die Gipfel wackeln. Hechelnde 904 oder brachiale 906, den klugen und pfeilschnellen Carrera GT, den sagenhaften Porsche 959. Einen martialischen 911 GT1 einerseits, ein Rudel quirliger, moskitoschlanker 550 Spyder anderer-

It's hard to imagine anywhere more backstage in the CURVES universe than up on the Grossglockner High Alpine Road: we've been traveling this mighty stretch from Zell am See to Heiligenblut, between Salzburg and Carinthia, for years. As soon as the roads reopen after winter, we're drawn to the Fuscher Törl and the Edelweissspitze, and from there on to the Mankei Restaurant by the shores of Fuscher Lacke, finally crossing the Mittertörl to the Hochtor. From 750 meters above sea level in Bruck an der Salzach, the road climbs to over 2,500 meters. The route thus traverses a large swathe of Alpine terrain, working its way up from the verdant valley to the treeless, rocky heights just below the peaks themselves. The idea for CURVES was born a decade and a half ago on the hairpin bends of the Grossglockner, and this tolled high-altitude road has been our workbench and test track ever since. – There's nothing we haven't driven, photographed, and filmed up here, either in normal tourist traffic or on closed roads: original Porsche 911 S/T and RS, for example, true unicorns. Or a Porsche 917 in full racing trim on a public road, roaring loudly enough to make the mountaintops shake. Or purring 904s or brutal 906s, the clever and lightning-fast Carrera GT, or the legendary Porsche 959. The military bearing of a 911 GT1 on the one hand, or a pack of lively, mosquito-like 550 Spyders on the other. The Grossglockner High Alpine Road always throws the

S VP 4710E

seits. – Die Großglockner-Hochalpenstraße hält dabei immer ein Spotlight aus epischer Weitwinkel-Schönheit und verschwitzter Makro-Scheitelpunkts-Perspektive für uns bereit. Wenn es um den Großglockner geht, sind wir also Fans, Friends and Family.

Dass wir Sie da jetzt mit dieser CURVES-Ausgabe einfach so an einem unserer Herzensorte durchlotsen, auf dem Weg von Reutte ans Mittelmeer, ist beinahe wie das Verstecken eines Ostereis: Wir sagen „heiß, heißer" – Sie kommen der Sache immer näher und dann geht die Sonne auf. Schiere Freude macht sich breit.

Spinnen wir an dieser Stelle einfach weiter. CURVES Österreich Mk. II – das ist die „Extended Version" einer CURVES-Hausstrecke: Kurz hinter der Grenze zum Allgäu loslegen, wenn sich dein Telefon noch im deutschen Netz einloggt und dann herzhaft durch die Ecken nördlich des Inntals ziehen, rüber nach Vorarlberg, runter zur Silvretta-Hochalpenstraße, für eine erste Verkostung: Silvretta versus Großglockner, wer gewinnt? – Wir natürlich, denn man kann die legendären Fahrspaß-Alpenrouten Österreichs überhaupt nicht in einem Gegeneinander messen. Die sind an einem Tag so und am nächsten anders, immer neu, immer energiegeladen. Mal versonnen, mal extrovertiert, in Licht oder Regen, Schatten oder Himmelblau gehüllt. Du wirst vielleicht einen Lieblingscharakter finden, Hauptdarsteller sind sie jedoch alle. Das Timmelsjoch, der Staller Sattel, die Abstecher ins Kaunertal oder ans Ende des Malta-Tals. Dann der Großglockner, die Nockalmstraße oder eine Visite auf der Turracher Höhe. So unterschiedlich, so eigenwillig. – Was wir am Großglockner gelernt haben, ist übrigens auf alle Alpenstraßen gleichermaßen übertragbar: Sie machen etwas mit einem. Du startest auf der einen Bergseite, wächst und fährst dann in einen neuen Bewusstseinszustand hinein, kommst als andere Person an. Weil es durch so viele Welten geht. Weil der kontemplative, hypnotische Rhythmus des Fahrens die Seele massiert und entschlackt – soulful driving eben. Ganz egal, ob fokussiert-sportiv oder gelassen-flowig. Die Höhenstraßen der Alpen werden so zum Kondensat des Unterwegsseins, sie packen eine ganze Weitreise in nur wenige Kilometer. Intensiv, ereignisreich, emotional. Was einen sonst so ausmacht oder umtreibt, bleibt beim Fahren zurück. Anstelle der Lebens-Schwerkraft tritt das befriedigende Gefühl, die ganze Zeit in der eigenen Mitte anzukommen, mit Leichtigkeit.

Nach dem Auszoomen vom Großglockner auf die ganze Sammlung großartiger Alpenstraßen und weiter aufs Prinzip des Fahrens müssen wir jetzt doch auch über die Route dieser CURVES Ausgabe nachdenken: Die ist selbstverständlich kein Zufallsprodukt eines meditativen Treibenlassens, sondern ganz genau so ausgedacht, bis ins Detail. Wir empfehlen nur, was wir selbst auch fahren würden. Und deshalb sehen wir in unserer zweiten Österreich-

spotlight on epic, panoramic beauty and spine-tinglingly vertiginous perspectives. Hence, when it comes to the Grossglockner, we see ourselves as fans, friends, and family.

The fact that we're now taking you on a guided tour through one of our favorite places in this issue of CURVES, on the way from Reutte to the Mediterranean, is almost like hiding an Easter egg: with our gentle encouragement you'll begin to realize what makes this place so special. Then the penny drops and sheer joy abounds.

Let's spin our tale a little longer at this point. CURVES Austria Mk. II is the "extended version" of a CURVES home route: starting just beyond the Allgäu border, where your phone still connects to the German network, then happily whipping through the corners north of the Inn Valley, over to Vorarlberg, down to the Silvretta High Alpine Road for a taster: who wins when you pit the Silvretta against the Grossglockner? – We do, of course, because you can't really compare Austria's legendary Alpine routes. They're never the same two days in succession – always new, always energetic. Sometimes contemplative, sometimes extroverted, whether bathed in light or doused in rain, under overcast or blue skies. Although you might have a favorite, there are no supporting roles here, from the Timmelsjoch, the Staller Sattel, the detours into the Kaunertal Valley, all the way to the end of the Malta Valley. Next comes the Grossglockner, the Nockalm Road, or maybe a visit to the Turracher Höhe Pass. So different, so idiosyncratic. What we learned on the Grossglockner Road is equally applicable to all Alpine roads: they change something inside you. You start out on one side of the mountain, developing as you go, and then enter a new state of consciousness, arriving as a different person on the other side. It's because you pass through so many different worlds and because the mindful, yet hypnotic rhythm of driving acts as a detox for the soul. Soulful driving, in other words. Whether your mood is focused and sporty or relaxed and flowing, the Alpine high roads take on the essential characteristics of the whole route, packing an entire long journey into just a few kilometers. Intense, eventful, emotional. The thoughts that otherwise define or preoccupy you are put to the back of your mind while driving. Instead of being weighed down by life, you experience the satisfying feeling of being centered at all times.

Having zoomed out from the Grossglockner to consider the entire collection of magnificent Alpine roads and focusing purely on driving, our thoughts turn to the route for this issue of CURVES: naturally this isn't the product of a meditative process, but has been precisely planned, down to the last detail. We only recommend routes that

S PT 5468

Hochtor
Großglockner
16 km
POLIZEI

Moritz Heufler

Reise eine Art Geschenk an uns selbst und an unsere treuesten Mitreisenden. Unsere erste CURVES-Reise durch Österreich hat 2014 stattgefunden, war in einem vollkommen anderen Schwung unterwegs, nun schauen wir in den Rückspiegel und wundern uns selbst, wie weit wir in den Jahren gekommen sind. Was mit uns passiert ist, seit wir vor über einem Jahrzehnt zum ersten Mal den Zündschlüssel gedreht haben. Dass wir immer noch da sind, ganz dieselben und trotzdem eine unfassbare Reise später, das ist ein Privileg.

Beinahe könnte man ja sagen: Wir sind Klassiker geworden, handgeschaltet, luftgekühlt, von guten Erinnerungs-Momenten genährt – aber wir schreiben das aus einem Porsche Macan 4 heraus, dem vollelektrischen Gipfelstürmer des Jahres 2025. Während wir einen 911 GT3 Touring der jüngsten Generation am Großglockner vor uns hertreiben.

Also doch nicht nur handgeschaltet und luftgekühlt, sondern zumindest zur Hälfte auch schnellgeladen und „permanent synchron erregt" – so heißen die druckvoll zuschlagenden, seidenweich laufenden E-Maschinen im Macan. Vielleicht haben uns die vergangenen Jahre in den Bergen eben etwas gelehrt: Es kommt immer anders als man denkt. Dazulernen lässt sich ständig. Und gut, dass man auf einer Reise anders ankommt als man losfährt. – Wenn uns während der ersten CURVES-Österreich-Reise vor elf Jahren jemand erzählt hätte, dass wir in nicht allzu ferner Zukunft kaum entscheiden können werden, ob uns am Berg die trockene Energie eines 911 GT3 Touring lieber ist oder das mühelose Wirbeln eines vollelektrischen Macan, hätten wir Tränen gelacht. Und jetzt sind wir hier, gefühlt nur einen Wimpernschlag später. Hechten in einer der perfektesten, gefühlsechtesten Interpretationen des Prinzips Neunelf über die Alpen. Dosieren eine bärenstarke, heiß brennende Sechszylindermaschine mit der Fußspitze, portionieren ihre urwüchsige Kraft mit staubtrocken klackendem Sechsgang-Getriebe, fühlen die Straße bis in jede Faser, sind festgesaugt am Asphalt, tanzen und wirbeln in den G-Kräften. Und wenige Kilometer später lassen wir uns vom tiefgründigen Brachial-Drehmoment eines Elektro-Doppelmotor-Teams vorwärtspeitschen, bekommen Gänsehaut, wenn dieser bestechend gute Macan so mühelos und präzise, schlackefrei und elektrisierend flüssig aus den Kehren drängt.

Man kann es nicht anders sagen: Die ganze Faszination am Fahren des 911 GT3 Touring als ultimative Mensch-Maschine-Interface-Endstufe ist unverändert da. Dieser Sound, dieser Rhythmus, diese Emotion. Und dann kommt der wirbelnde, tanzende Elektro-Macan und zeigt dir, was mit Flow wirklich gemeint sein kann. Der schaltet ein völlig neues Level frei. Fährt dich schwindlig. Und abends schleichst du dich in ein Dorfkirchlein, verschwindest im Beichtstuhl: „Vergib mir, Vater, ich glaube, ich

we would drive ourselves, which is why we regard our second trip to Austria as a kind of gift to ourselves and our most loyal fellow travelers. Our first CURVES trip through Austria was in 2014, when we traveled at a completely different pace. At this point we take a look in the rearview mirror to marvel at how far we've come over the years. What has happened to us since we first turned the key in the ignition over a decade ago? The fact that we're still here, exactly the same, yet an incredible journey later, is a real privilege.

You might think we've become classics ourselves – manual gearbox, air-cooled, fueled by fond memories – but the fact is we're writing this from a Porsche Macan 4, the all-electric summiteer of 2025. Ahead of us on the Grossglockner Pass Road is one of the latest 911 GT3 Touring models.

This time around it's not just about air-cooled technology and a manual gearbox because at least half our time will be spent in a fast-charging vehicle with a "permanently excited synchronous motor", as the powerful, silky-smooth electric motors in the Macan are described. If there's one thing the past few years in the mountains have taught us, it's that: things always turn out differently from what you expect. You can always learn something new. And it's good to arrive on a journey a changed person from when you left. If someone had told us during our first CURVES Austria trip eleven years ago that in the not-too-distant future, we'd be hard-pressed to decide whether we'd prefer the dry energy of a 911 GT3 Touring or the effortless whirr of an all-electric Macan on the mountain, we'd have laughed until we cried. And now we're here, in what feels like only a blink of an eye, diving over the Alps in one of the most perfect, most emotionally authentic interpretations of the principle behind the 911: controlling a powerful, blazing-hot six-cylinder engine with the tip of your toe, dispensing its raw power with the bone-dry, crackling six-speed gearbox, feeling the road in every fiber, glued to the asphalt, dancing and twirling in the G-forces. Then, a few kilometers later, we're whipped forward by the profound, brute torque of a twin-motor electric engine, experiencing goosebumps as this brilliant Macan powers out of the bends so effortlessly and precisely, with flawless, electrifying fluidity. There's no denying it: the entire fascination of driving the 911 GT3 Touring as the ultimate human-machine interface is unchanged. That sound, that rhythm, that emotion. And then the all-singing, all-dancing electric Macan comes along and shows you what flow can truly mean. It unlocks a whole new level of driving that makes you quite dizzy. In the evening, you sneak into a village church and disappear into the confessional: "Bless me, Father, for I have sinned. After ten minutes in the electric car, I think I completely forgot that there ever was

S VP 4710E

hab nach zehn Minuten im Elektroauto völlig vergessen, dass es einen Motorsound überhaupt mal gab. Geschweige denn vermisst ..." Der Pater wird dir dann sagen, dass du diese verbotene Lust am E-Auto-Fahren auch ohne ihn büßen wirst, wegen der ständigen, langwierigen Laderei, aber der hat leider keine Ahnung. Wir hatten auf der ganzen Tour keinen einzigen Moment, indem wir uns übers Laden des Macan mehr Gedanken gemacht hätten als übers Tanken des GT3. Der Macan lädt brutal schnell, die Reichweite ist selbst in den Bergen und bei engagiertem Fahrstil phänomenal, nicht selten haben wir einfach im Hotel über Nacht geladen. Und tagsüber gar nicht. Ging im 911 in dieser Form nicht wirklich ...

Dabei hatten wir uns ja beinahe auf die erwarteten Macan-Ladepausen gefreut, um einen Grund mehr zu haben, uns in die Reisekoordinaten der Küche des südlichen Österreichs und Südtirols zu stürzen. Auf dem kulinarischen Routenplaner standen die Tiroler Gröstl, herrlich krosse Bratkartoffeln mit Speck und Spiegelei, oder würzig-schlonzige Kaspressknödel mit knackigem Salat als Wingman. Südtiroler Schlutzkrapfen haben wir uns visioniert, gefüllt mit Spinat und Ricotta, serviert in einem Bad von gebräunter Butter und einem Hauch von Parmesan. Natürlich stellt man sich dann auch nach Bergluft schmeckenden Speck vor, oder und im Räucherduft gebadete Kaminwurzen, nebst Schüttelbrot, Bergkäse und abends einem Glas Südtiroler Lagrein, frischem Märzenbier oder einem Stamperl Enzian. Mit den Vorarlberger Käsknöpfle oder den Salzburger Nockerln, süßen und luftigen Wolken aus Ei und Zucker, hätten wir einen weiteren Bogen gespannt. Und bevor es dann in die deftigen Täler Sloweniens oder hinunter in die kulinarische Sonderzone Italien hinuntergehen würde, hätten wir uns mit einem Wiener Schnitzel aus Österreich verabschiedet. Das machen sie in ganz Österreich perfekt, nicht nur in Wien: duftig-buttrig-krosse Panade, ein mürbes, feines Kalbschnitzel darunter, und alles serviert mit würzigem Erdäpfel-Salat.

Da läuft Ihnen schon beim Lesen das Wasser im Mund zusammen? – Verständlicherweise. Und deshalb haben wir uns das alles nicht entgehen lassen. Auch ohne Ladepausen als Ausrede vorzuschieben. Eine der zwischen Reutte und Triest gewonnenen Erkenntnisse geht so: Menschen sind service- und wartungsbedürftiger als Maschinen, zum soulful driving gehört ein zünftiger Boxenstopp für die Fahrer ganz bestimmt. Auch in dieser Hinsicht ist Österreich eine Handbremswende auf den nächsten Restaurant-Parkplatz wert. Auf zum soulful dining.

Mal sehen, ob wir uns in 11 Jahren an dieser Stelle wiedersehen und wie die Welt dann aussieht. Ob wir uns dann wohl autonom über die Pässe fahren lassen, während eine KI virtuelle Realitäten in die Windschutzscheibe projiziert? – Ein Gefühl sagt uns: ganz sicher nicht.

an engine sound, let alone missed it..." The priest will tell you that you'll pay dearly for this forbidden desire to drive an electric car even without his intervention, because of the constant, tedious need for charging, but, unfortunately for him, he couldn't be more wrong. There wasn't a single moment on the entire tour when we were more worried about charging the Macan than about refueling the GT3. The Macan charges incredibly quickly, and the range is phenomenal, even in the mountains and with an urgent driving style. We often simply charged overnight in the hotel and never needed to charge during the day. That wasn't really the case in the 911...

The truth is we were almost looking forward to the anticipated Macan charging breaks, just to give us one more reason to investigate the cuisine of southern Austria and South Tyrol. Our culinary route planner included Tyrolean Gröstl, wonderfully crispy fried potatoes with bacon and a fried egg, or piquant Kaspressknödel dumplings with a crisp salad on the side. We envisioned South Tyrolean Schlutzkrapfen pasta filled with spinach and ricotta, served in a bath of browned butter and a touch of Parmesan. Naturally, you also imagine bacon dried in the mountain air, or Kaminwurzen smoked sausages, along with Schüttelbrot (enriched bread), mountain cheese, and, in the evening, a glass of South Tyrolean Lagrein wine, fresh Märzen beer, or a shot of gentian liqueur. We could have spread our net even wider with Vorarlberger Käsknöpfle dumplings or Salzburger Nockerln, sweet and airy clouds of egg and sugar. And before descending into the hearty cuisine of Slovenia's valleys or the culinary specialities of Italy, we should have bade farewell with an Austrian Wiener Schnitzel. This dish is prepared to perfection all over Austria, not just in Vienna: fragrant, buttery, crispy breadcrumbs with a tender, delicate veal schnitzel beneath, all served with a piquant potato salad.

Do you find your mouth already watering as you read this? – That's understandable. And that's also why we made sure not to miss out on any of it, even without using charging stops as an excuse. One of the lessons we learned between Reutte and Trieste is that human beings need more servicing and maintenance than machines, and soulful driving definitely demands generous pit stops for the drivers. In this respect, too, Austria is well worth a quick swing into the nearest restaurant parking lot. Let soulful dining commence.

Let's wait and see whether we meet again in the same spot in 11 years and what the world will look like then. Will we be traveling over the mountain passes in self-driving cars while AI projects virtual reality images onto the windshield? – Our gut feeling says absolutely not.

PORSCHE
S PT 5468

ALPEN

Hochtannbergpass
Tannberg

DB
61
GROUPE DB

PORSCHE
S PT 5468

Salzburg
Zell am See
Villach
Lienz

Herrn
Stube

Großglockner
Hochalpen-
Straße
OFFIZIELLE KARTE 1:25.000
der Großglockner Hochalpenstraße A.G.

BERANN
Großglockner=Hochalpenstraße

M F 2803H

KAUNERTAL
PistenBully 600
S VP 4710E

Kehre 6
2278 m

Buam

Restaurant Fuscherlörl
2.430 m

Für'n Alten, für'n Mittelstand, und für die Jugend
Alles Gute von Waltraud und Georg
20
02
Mit 25 „OBERFIT!"
Mit 50 auch noch „SO EIN HIT!"
Mit 60 „CHEF DE SOUVENIR"

Gösser

Der
Grossglockner
und seine
Strasse

Dirndln

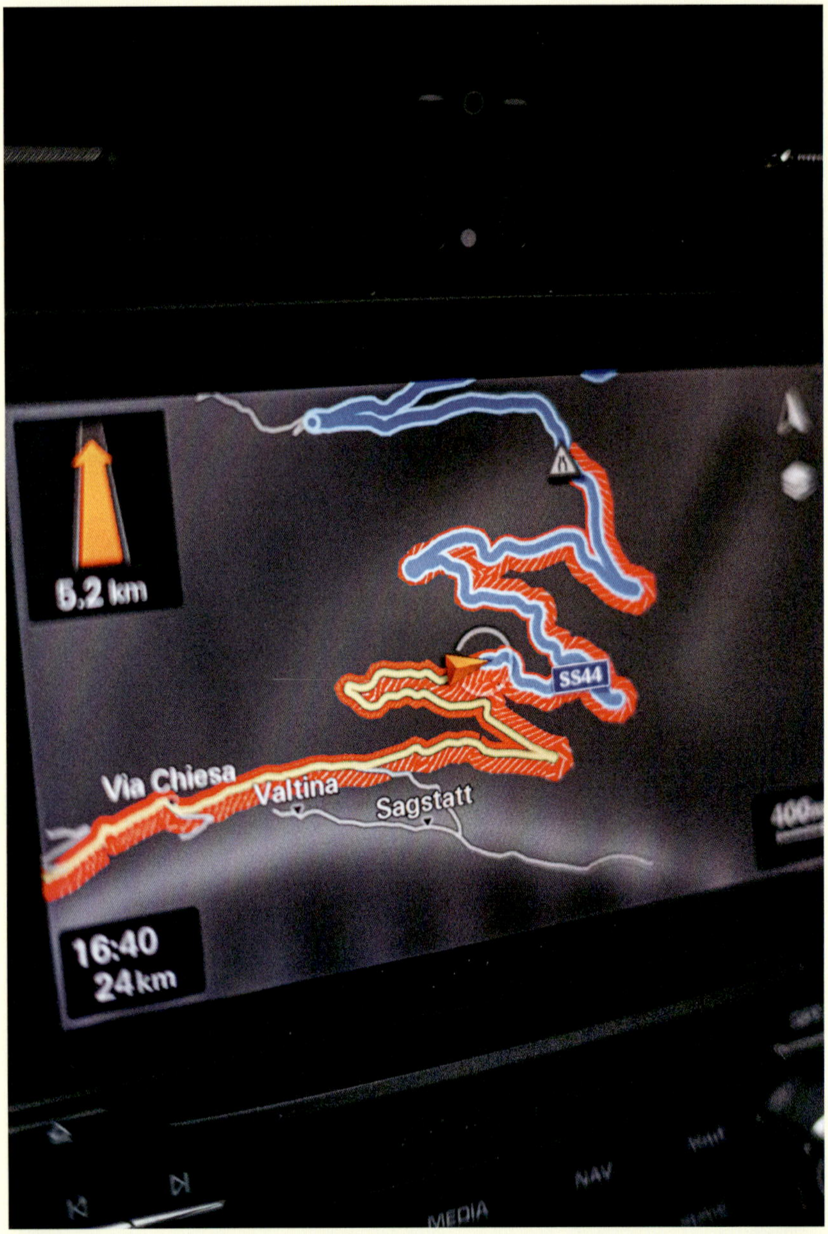
5,2 km
SS44
Via Chiesa
Valtina
Sagstatt
16:40
24 km
NAV
MEDIA

T40

Herrn
Stube

Flexenpass
1773 m
europäische
Wasserscheide

PORSCHE
S PT 5468

Wien, 8. August 1935 54. Jahrgan

Das interessante Blatt

Die Großglockner=Hochalpenstraße

Die feierliche Eröffnung des großen Werkes, das einen der schönsten Teile unserer Alpen dem international Autoverkehr erschließt, fand unter ungeheuerer Beteiligung Samstag statt; mehr als zweitausen Wagen fuhren am ersten Tag die Großglockner-Hochalpenstraße von Bruck-Fusch nach Heiligenblut. Bei der Fei am Hochtortunnel verkündet Rektor Prof. Kann die Ernennung des Landeshauptmanns von Salzbu Dr. Rehrl und des Erbauers der Straße Oberbaurat Ing. Wallack zu akademischen Ehrenbürge der Technischen Hochschule. (S. S. 4.)

Im Innern des Blattes: Der Großglockner — historisch, bei der Eröffnung und dem Rennen.

GLOCKNER- RESTAURAN
FUSCHERTÖRL
2430m.

COE 0 356H

PORSCHE
S PT 5468

S VP 4710E

DANK AN / THANKS TO
Bastian Schramm, Maximilian Ramisch, Sebastian Fichter & dem Team bei Porsche Deutschland
Ben Winter, Axel Gerber, Ed Baaske, Hanno Vienken, Ferdi Porsche, F.A.T Mankei Team, Michael Dorn, Michaela Bogner, Andreas Mierswa, Dani Sebe, Phillip Heitsch

SPECIAL FX / SPECIAL FX
Mag. Patricia Lutz (Grossglockner Hochalpenstrasse), Wucher Helicopter

CURVES TRAVEL AGENT:

AOT Travel • info@aottravel.de

SOUND OF AUSTRIA

ROUTE AS GPX FILE

911 GT3 with Touring Package (WLTP):
Kraftstoffverbrauch kombiniert: 13,8 – 13,7 l/100 km; CO_2-Emissionen kombiniert: 312 – 310 g/km; CO_2-Klasse: G; Stand 10/2025
Combined fuel consumption: 13.8 – 13.7 l/100 km; Combined CO_2 emissions: 312 – 310 g/km; CO_2 class: G; Status: 10/2025

Macan 4 (WLTP, vorläufige Werte, provisional values):
Stromverbrauch kombiniert: 20,4 – 17,8 kWh/100 km; CO_2-Emissionen kombiniert: 0 g/km; CO_2-Klasse: A; Stand 10/2025
Combined power consumption: 20.4 – 17.8 kWh/100 km; Combined CO_2 emissions: 0 g/km; CO_2 class: A; Status: 10/2025

IMPRESSUM / IMPRINT

HERAUSGEBER/ PUBLISHER: CURVES MAGAZIN
THIERSCHSTRASSE 25
D-80538 MÜNCHEN

VERANTWORTLICH FÜR DEN HERAUSGEBER/ RESPONSIBLE FOR PUBLICATION:
STEFAN BOGNER

KONZEPT/CONCEPT:
STEFAN BOGNER
THIERSCHSTRASSE 25
D-80538 MÜNCHEN
SB@CURVES-MAGAZIN.COM

DELIUS KLASING CORPORATE PUBLISHING
SIEKERWALL 21
D-33602 BIELEFELD

REDAKTION/ EDITORIAL CONTENT:
STEFAN BOGNER
BEN WINTER

ART DIRECTION, LAYOUT, FOTOS/ART DIRECTION, LAYOUT, PHOTOS:
STEFAN BOGNER

MAKING OF PHOTOS:
P. HEITSCH & A. MIERSWA

TEXT/TEXT: BEN WINTER
TEXT INTRO/TEXT INTRO:
BEN WINTER

MOTIVAUSARBEITUNG, LITHOGRAPHIE, SATZ/ POST-PRODUCTION,

LITHOGRAPHY, SETTING:
MICHAEL DORN

KARTENMATERIAL/MAP MATERIAL: MAIRDUMONT, OSTFILDERN

ÜBERSETZUNG/TRANSLATION:
JAMES O'NEILL

PRODUKTIONSLEITUNG/ PRODUCTION MANAGEMENT:
AXEL GERBER

DRUCK/PRINT: K+W KUNST- UND WERBEDRUCK GMBH, BAD OEYNHAUSEN

4. AUFLAGE/4TH EDITION:
ISBN: 978-3-667-13201-7

AUSGEZEICHNET MIT / AWARDED WITH: DDC GOLD – DEUTSCHER DESIGNER CLUB E.V. FÜR GUTE GESTALTUNG 2011 // IF COMMUNICATION DESIGN AWARD 2012 // BEST OF CORPORATE PUBLISHING 2012 // ADC BRONZE 2011 // RED DOT BEST OF THE BEST & D&AD // NOMINIERT FÜR DEN DEUTSCHEN DESIGNPREIS 2015 // WINNER AUTOMOTIVE BRAND CONTEST 2014 // GOOD DESIGN AWARD 2014

AUSGEZEICHNETE GESTALTUNG DDC DEUTSCHER DESIGNER CLUB

communication design award 2012

Best of Corporate Publishing 2012

reddot design award best of the best 2012

WINNER AUTOMOTIVE BRAND CONTEST 2014

German Design Award NOMINEE 2015

CURVES AUSGABEN / OTHER ISSUES OF CURVES

PYRENÄEN / PYRENEES – Im Handel erhältlich/Available in stores
ÖSTERREICH / AUSTRIA – Im Handel erhältlich/Available in stores
SCHWEIZ / SWITZERLAND – Im Handel erhältlich/Available in stores
SCHOTTLAND / SCOTLAND – Im Handel erhältlich/Available in stores
FRANKREICH / FRANCE – Im Handel erhältlich/Available in stores
USA • KALIFORNIEN / USA • CALIFORNIA – Im Handel erhältlich/Available in stores
SIZILIEN / SICILY – Im Handel erhältlich/Available in stores
NORDITALIEN / NORTHERN ITALY – Im Handel erhältlich/Available in stores
OSTDEUTSCHLAND / EASTERN GERMANY – Im Handel erhältlich/Available in stores
DEUTSCHLAND/DÄNEMARK / GERMANY/DENMARK – Im Handel erhältlich/Available in stores
NEUSEELAND / NEW ZEALAND – Im Handel erhältlich/Available in stores
SARDINIEN / SARDINIA – Im Handel erhältlich/Available in stores

SPANIEN • MALLORCA / SPAIN • MALLORCA – Im Handel erhältlich/Available in stores
USA • COLORADO/UTAH / USA • COLORADO/UTAH – Im Handel erhältlich/Available in stores
THAILAND / THAILAND – Im Handel erhältlich/Available in stores
SÜDDEUTSCHLAND / SOUTHERN GERMANY – Im Handel erhältlich/Available in stores
PORTUGAL / PORTUGAL – Im Handel erhältlich/Available in stores
ISLAND / ICELAND – Im Handel erhältlich/Available in stores
MALAYSIA / MALAYSIA – Im Handel erhältlich/Available in stores
NORWEGEN / NORWAY – Im Handel erhältlich/Available in stores
PATAGONIEN / PATAGONIA – Im Handel erhältlich/Available in stores
KORSIKA / CORSICA – Im Handel erhältlich/Available in stores
SINGAPUR / SINGAPORE – Im Handel erhältlich/Available in stores
JAPAN / JAPAN – Im Handel erhältlich/Available in stores

S PT 5468